Akintunde Akinola

Prevalência e determinantes da obesidade entre adolescentes em Ibadan

Akintunde Akinola

Prevalência e determinantes da obesidade entre adolescentes em Ibadan

ScienciaScripts

Imprint
Any brand names and product names mentioned in this book are subject to trademark, brand or patent protection and are trademarks or registered trademarks of their respective holders. The use of brand names, product names, common names, trade names, product descriptions etc. even without a particular marking in this work is in no way to be construed to mean that such names may be regarded as unrestricted in respect of trademark and brand protection legislation and could thus be used by anyone.

Cover image: www.ingimage.com

This book is a translation from the original published under ISBN 978-613-8-50729-1.

Publisher:
Sciencia Scripts
is a trademark of
Dodo Books Indian Ocean Ltd. and OmniScriptum S.R.L publishing group

120 High Road, East Finchley, London, N2 9ED, United Kingdom
Str. Armeneasca 28/1, office 1, Chisinau MD-2012, Republic of Moldova, Europe
Printed at: see last page
ISBN: 978-620-8-17650-1

RECONHECIMENTO

Estou muito grato ao Departamento de Nutrição da Universidade de Ibadan por uma experiência maravilhosa no mundo da nutrição. Quero agradecer muito ao meu supervisor, Dr. R.A. Sanusi, por todo o tempo e esforço que despendeu para me tornar um melhor investigador.

Um agradecimento especial a todo o pessoal académico e não académico do departamento pela sua atenção e apoio.

Estou em dívida para com Biodun Olaoye pela sua ajuda durante a recolha de dados. A todos os meus amigos e colegas da nutrição humana, a vossa amizade, companheirismo, humor e espírito forte melhoraram muito a minha experiência de pós-graduação. A minha gratidão vai para a minha família pelo seu amor e apoio contínuos.

ÍNDICE DE CONTEÚDOS

RESUMO

A obesidade, definida como uma acumulação excessiva de gordura corporal, tornou-se um problema de saúde a nível mundial. A nível mundial, estima-se que cerca de 170 milhões de crianças (com menos de 18 anos) tenham excesso de peso e, em alguns países, o número de crianças com excesso de peso triplicou desde 1980. O excesso de peso na infância aumenta o risco de excesso de peso na idade adulta e, com ele, o risco de aparecimento mais precoce de doenças crónicas relacionadas com a obesidade. O excesso de peso e a obesidade, bem como as complicações que lhes estão associadas, são em grande parte evitáveis. Não foram apresentadas estatísticas nacionais sobre a obesidade infantil na Nigéria. No entanto, alguns estudos sobre a prevalência da obesidade infantil na Nigéria mostram valores que variam entre 0,4% e 6,9%, dependendo do método de avaliação e dos locais dos estudos. O objetivo deste estudo foi determinar a prevalência e os factores determinantes da obesidade entre adolescentes em idade escolar em três áreas governamentais locais selecionadas em Ibadan, no Estado de Oyo.

O estudo foi transversal e descritivo. Foi realizado entre julho e setembro de 2013, em três áreas governamentais locais de Ibadan. Foi utilizada uma amostragem em várias fases para selecionar os participantes no estudo. Foi utilizado um questionário semi-estruturado, administrado por um entrevistador, para recolher informações sobre dados sociodemográficos, antropometria, padrões e hábitos alimentares e nível de atividade física. Foram também recolhidos dados de 22 crianças obesas e 22 não obesas para identificar os factores de risco associados à obesidade nas crianças. Os dados foram analisados através de estatística inferencial e descritiva. As medidas antropométricas de peso e altura foram utilizadas para calcular o IMC para a idade utilizando o WHO Anthroplus. O software TDA foi utilizado para analisar as informações do recordatório alimentar de 24 horas.

Foram recrutadas para este estudo 1.205 crianças com idades compreendidas entre os 14 e os 19 anos. Seiscentos e cinquenta e quatro (54,3%) dos alunos eram do sexo masculino e 551 (45,7%) do sexo feminino. A média de idade, peso e altura dos alunos foi de 15,47±1,34 anos, 49,21±9,75kg e 1,87±6,14m. A prevalência de excesso de peso e obesidade neste estudo foi de 7,7% e 1,0%. A prevalência de obesidade foi maior nas raparigas e nos alunos de escolas privadas. O consumo médio de energia foi maior entre os obesos (2685,8±508,5kcal/dia) do que entre os não obesos (2123,7±742,5kcal/dia). O consumo de vegetais e frutas foi menor e o consumo de fast food e bebidas carbonatadas foi maior entre os obesos do que entre os não obesos. Além disso, os obesos passavam mais tempo em actividades sedentárias.

A baixa prevalência de obesidade mostra que a subnutrição é o problema predominante entre os adolescentes que frequentam a escola. Recomenda-se uma intervenção adequada em termos de sensibilização do público e de mudanças de comportamento relativamente aos hábitos alimentares e à atividade física.

Palavras-chave: Excesso de peso, obesidade, não obesos, adolescentes em idade escolar, índice de massa corporal, ingestão energética, atividade física, subnutrição

Contagem de palavras: 434

CAPÍTULO 1

INTRODUÇÃO

1.0 Antecedentes do estudo

A obesidade, definida como uma acumulação excessiva de gordura corporal, tornou-se um problema de saúde mundial (Baker, 2005), tendo atingido níveis epidémicos nos países industrializados do mundo. No entanto, a prevalência da obesidade também está a aumentar noutras partes menos desenvolvidas do mundo, como a Ásia e a África. A obesidade tem um impacto significativo na saúde física e psicológica, com consequências graves (Elamin, 2010; Wang e Lobstein, 2006; Baker, 2005). O mecanismo de desenvolvimento da obesidade não é totalmente compreendido e acredita-se que se trata de uma doença com múltiplas causas; embora os factores genéticos sejam fundamentais, a dieta e as preferências de estilo de vida são igualmente importantes. Há fortes indícios de que o consumo excessivo de refrigerantes, o aumento do tamanho das porções de alimentos e um declínio constante da atividade física têm desempenhado um papel importante na atual epidemia de obesidade (Elamin, 2010).

Fundamentalmente, a obesidade é um problema de desequilíbrio energético. O consumo calórico que ultrapassa o gasto de energia resulta na deposição de energia não utilizada como gordura (Benson, 2010). As mudanças no sistema alimentar global, incluindo as reduções no custo temporal dos alimentos, parecem ser os principais impulsionadores do aumento da epidemia de obesidade global durante as últimas 3B4 décadas, embora as diferenças substanciais nos ambientes nacionais e locais (especialmente socioculturais, económicos e ambientes de transporte) produzam a grande variação na prevalência da obesidade registada entre as populações (Swimburn et al, 2011).

O excesso de peso e a obesidade são o quinto maior risco de morte a nível mundial. Pelo menos 2,8 milhões de adultos morrem todos os anos devido ao excesso de peso ou à obesidade (OMS, 2013). Além disso, 44% da carga de diabetes, 23% da carga de doença cardíaca isquémica, e entre 7% e 41% de certas cargas de cancro são atribuíveis ao excesso de peso e à obesidade (OMS, 2013). De acordo com as estimativas globais da OMS para 2008:

$ Mais de 1,4 mil milhões de adultos, com 20 ou mais anos, tinham excesso de peso.

$ Destes adultos com excesso de peso, mais de 200 milhões de homens e quase 300 milhões de mulheres eram obesos.

No total, mais de 10% da população adulta mundial era obesa.

Em 2011, mais de 40 milhões de crianças com menos de cinco anos tinham excesso de peso. Outrora considerados um problema dos países de rendimento elevado, o excesso de peso e a obesidade estão agora a aumentar nos países de rendimento baixo e médio, em especial nos meios urbanos. Mais de 30 milhões de crianças com excesso de peso vivem em países em desenvolvimento e 10 milhões em países desenvolvidos. O excesso de peso e a obesidade estão associados a mais mortes em todo o mundo do que o baixo peso (OMS, 2013; Baker, 2005).

A obesidade adolescente na escola é definida como uma acumulação excessiva de gordura, que apresenta um risco para a saúde numa pessoa com menos de 18 anos (Deurenberg-Yap e Gan, 2009; OMS, 2011a). A obesidade adolescente na escola tem consequências debilitantes, que podem ser a curto prazo (para o adolescente obeso) ou a longo prazo (para o adulto que foi obeso durante a adolescência) (Kimani-Murage, 2010). Está associada a vários factores de risco para doenças cardíacas posteriores e outras doenças crónicas, incluindo hiperlipidemia, hiperinsulinemia, hipertensão e aterosclerose precoce (Cole et al, 2000; Dehghan et al, 2005). A obesidade na adolescência prolonga-se frequentemente até à idade adulta e está associada a um aumento da morbilidade e da mortalidade, independentemente da obesidade adulta (Padez et al, 2005). Está associada a resultados adversos como a hipertensão, a dislipidemia, a inflamação crónica, a hiperinsulinemia, os problemas ortopédicos, bem como a consequências psicossociais substanciais. Os adolescentes obesos são estereotipados como pouco saudáveis, sem sucesso académico, socialmente ineptos e preguiçosos. A baixa autoestima e os problemas comportamentais, em particular, estão normalmente associados à obesidade (Padez et al, 2005; Dehghan et al, 2005; Sinnot, 2011). A obesidade é um problema multifatorial, e o seu desenvolvimento deve-se a múltiplas interações entre os genes e o ambiente. Apesar do efeito que os factores genéticos podem ter, as taxas de prevalência crescentes entre populações geneticamente estáveis sugerem que os factores ambientais devem estar subjacentes à epidemia de obesidade adolescente na escola. Também implicados na epidemia de obesidade na escola estão o nível de obesidade dos pais, o estatuto socioeconómico, o peso à nascença, os padrões de atividade física e a dieta (Padez et al, 2005).

1.1. Declaração do problema

A obesidade do adolescente na escola é um dos mais sérios desafios de saúde pública do século 21 (OMS, 2012; Antwi et al, 2012; Elamin, 2010). Globalmente, cerca de 170 milhões de crianças (com idade < 18 anos) foram estimadas com excesso de peso e, em alguns países, o número de crianças com excesso de peso triplicou desde 1980 (OMS, 2012; CDC, 2013; Han, 2010). Em 2010, estimava-se que cerca de 43 milhões de crianças em idade pré-escolar tinham excesso de peso ou eram obesas, um aumento de 60% desde 1990. O problema afecta países, ricos e pobres, e, pelos números, coloca o maior fardo sobre os mais pobres. Dos 43 milhões de crianças em idade pré-escolar com excesso de peso e obesidade, 35 milhões vivem em países em desenvolvimento (de Onis et al, 2010). Em 2020, se a atual epidemia continuar, 9% de todas as crianças em idade pré-escolar terão excesso de peso ou serão obesas - quase 60 milhões de crianças (Harvard School of Public Health, 2012; de Onis et al, 2010). O problema é global e está a afetar de forma constante muitos países de baixo e médio rendimento, particularmente nos meios urbanos (Lobstein, 2010; Antwi et al, 2012; Brody, 2012; Sinnot, 2011; Onywera, 2010).

Os factores ambientais, as preferências de estilo de vida e o ambiente cultural desempenham um papel fundamental no aumento da prevalência da obesidade em todo o mundo. Em geral, presume-se que o excesso de peso e a obesidade são o resultado de um aumento da ingestão de calorias e gorduras. Por outro lado, há provas de que a ingestão excessiva de alimentos, o aumento do tamanho das porções e o declínio constante da atividade física têm desempenhado um papel importante no aumento das taxas de obesidade em todo o mundo. Consequentemente, tanto o consumo excessivo de alimentos energéticos como a redução da atividade física estão envolvidos na obesidade dos adolescentes (Dehghan et al, 2005). Estudos recentes sugerem que a rápida globalização e urbanização são responsáveis pelas mudanças significativas nos padrões alimentares e níveis de atividade física que tendem a aumentar os riscos de obesidade nas crianças. Os sistemas agro-alimentares industrializados estabelecidos por corporações globais tornaram os alimentos, gorduras e óleos baratos e densos em calorias amplamente disponíveis em todo o mundo (Brody, 2002). À medida que os países pobres sobem na escala dos rendimentos e mudam das dietas tradicionais para os hábitos alimentares ocidentais, as taxas de obesidade aumentam. Um resultado desta chamada >transição nutricional= é que os países de baixo e médio rendimento enfrentam frequentemente um duplo fardo: as doenças infecciosas que acompanham a desnutrição, especialmente na infância, e, cada vez mais, as doenças crónicas debilitantes ligadas à obesidade e aos estilos de vida ocidentais (Brody, 2002; Popkin, Adair e Ng, 2012; Onywera, 2010; Harvard School of Public Health, 2012; Hawkes, 2006; Pinstrop-Andersen e Babinard, 2001).

A epidemia mundial de obesidade na adolescência provoca alterações biológicas irreversíveis nas vias hormonais, nas células adiposas e no cérebro que aumentam a fome e afectam negativamente o metabolismo (Ludwig, 2007). O excesso de peso na adolescência aumenta o risco de excesso de peso na idade adulta e, com isso, o risco de início precoce de doenças crónicas relacionadas com a obesidade (Lobstein, 2010; Antwi et al, 2012; Sinnot, 2011; Dehghan et al, 2005; OMS, 2012; Baker, Olsen e Sorenson, 2007). As crianças com excesso de peso podem apresentar sinais precoces de doenças crónicas sem estarem conscientes do problema, agravando o provável resultado da doença

(OMS, 2012). Elas também podem sofrer problemas psicossociais devido à obesidade, incluindo baixa autoestima e redução da rede social (Lobstein, 2010; Antwi et al, 2012; Sinnot, 2011; Dehghan et al, 2005), com um maior risco de provocação, bullying e isolamento social (OMS, 2012). Muitas crianças correm o risco de ter problemas ortopédicos relacionados com o peso, estigmatização social e anomalias endócrinas (Baker, Olsen e Sorenson, 2007). Os factores de risco para a doença coronária (CHD), como a hipertensão, a dislipidemia, a tolerância à glicose diminuída e as anomalias vasculares, já estão presentes nas crianças com excesso de peso (Baker, Olsen e Sorenson, 2007). O excesso de peso na adolescência pode aumentar a probabilidade de doenças cardíacas na idade adulta, devido ao estabelecimento precoce destes factores de risco (Baker, Olsen e Sorenson, 2007; Dehghan et al, 2005). Para além das doenças associadas à obesidade, as consequências económicas da obesidade são enormes para as famílias, os sistemas de saúde e a economia global (Antwi et al, 2012). Os custos médicos diretos incluem serviços de prevenção, diagnóstico e tratamento relacionados com o excesso de peso e as comorbilidades associadas (Antwi et al, 2012). As nações europeias gastam 2-8% dos seus orçamentos de saúde com a obesidade, cerca de 0,6% do seu produto interno bruto (Antwi et al, 2012). Nos Estados Unidos, as estimativas baseadas nos dados de 2008 indicaram que o excesso de peso e a obesidade representam 147 mil milhões de dólares em despesas médicas totais. Isto mostra um aumento em relação aos 117 mil milhões de dólares gastos no ano 2000 (Antwi et al, 2012; Sinnot, 2011). Embora os custos indirectos do excesso de peso e da obesidade numa sociedade possam ser significativamente mais elevados, são frequentemente ignorados. Estes custos resultam da obesidade na adolescência e da obesidade na idade adulta, o que resulta na perda de rendimentos devido à diminuição da produtividade, à redução das oportunidades e à restrição da atividade, à doença, ao absentismo e à morte prematura. Além disso, existem custos elevados associados às numerosas alterações de infra-estruturas que as sociedades têm de fazer para lidar com pessoas obesas, tais como camas reforçadas, mesas de operações e cadeiras de rodas, torniquetes e assentos alargados em espaços de reunião públicos e modificações nas normas de segurança dos transportes (Antwi, 2012; OMS, 2011a).

Há muito que a fome, o baixo peso e o atraso de crescimento são as preocupações mais prementes em matéria de nutrição infantil em África B 20 a 25 % das crianças em idade pré-escolar na África subsariana têm baixo peso (Harvard School of Public Health, 2012). Há cerca de trinta anos, os nutricionistas internacionais concentravam-se na desnutrição infantil, no "fosso proteico" e na forma de alimentar a população mundial em crescimento. Os serviços médicos nos países em desenvolvimento concentravam-se na luta contra as doenças infecciosas. Hoje em dia, a Organização Mundial de Saúde (OMS) vê-se na necessidade de lidar com a nova pandemia de obesidade e com as doenças não transmissíveis (DNT) que a acompanham, enquanto o desafio da subnutrição infantil está longe de ter desaparecido, as taxas de tuberculose e de malária estão a aumentar e o flagelo da SIDA emergiu (Prentice, 2006). Esta situação criou um "duplo fardo" de doenças que ameaça sobrecarregar os serviços de saúde de muitos países com poucos recursos. A OMS adverte que o maior fardo futuro da obesidade e da diabetes afectará os países em desenvolvimento, e os números projectados de novos casos de diabetes ascendem a centenas de milhões nas próximas duas décadas (Lobstein, 2010; Prentice, 2006; OMS, 2011; Swimburn et al, 2011).

1.3. Justificação do estudo

Na Nigéria, não existem estatísticas médias nacionais para a obesidade dos adolescentes na escola. No entanto, estudos sobre a prevalência na Nigéria mostram valores que variam de 0,4% - 6,9%, dependendo do método de avaliação e indicações para os estudos (Akesode e Ajibode, 1983; Ben-Bassey, Oduwole e Ogundipe, 2007; Musa et al, 2012; Goon, Toriola, Shaw, 2009; Ojofeitimi et al, 2011). A maioria dos programas de saúde pública no domínio da nutrição na Nigéria está preocupada com as doenças infecciosas, o VIH-SIDA, a subnutrição e a insegurança alimentar (Lobstein, 2010; Kelishadi, 2007). Como resultado, há uma falta de sensibilização entre os profissionais de saúde pública, as partes interessadas e os decisores políticos sobre a importância da saúde pública da obesidade adolescente na escola.

É provável que as crianças com excesso de peso e obesas continuem obesas na idade adulta e que desenvolvam doenças não transmissíveis, como a diabetes e as doenças cardiovasculares, numa idade mais jovem (OMS, 2011). O excesso de peso e a obesidade, bem como as doenças que lhes estão associadas, são em grande parte evitáveis. A prevenção é, portanto, de alta prioridade (OMS, 2011). Este estudo fornecerá informações relevantes e actualizadas sobre o padrão e os determinantes da obesidade entre os adolescentes em áreas governamentais locais selecionadas de Ibadan.

1.4. Objectivos do estudo

Objetivo geral

O objetivo geral deste estudo é determinar a prevalência e os factores determinantes da obesidade entre os adolescentes que frequentam a escola em áreas governamentais locais selecionadas em Ibadan.

Objectivos específicos

1.   Medir o peso e a altura dos adolescentes, calcular o IMC para a idade e determinar a

prevalência da obesidade entre os adolescentes que frequentam a escola nas localidades selecionadas

áreas governamentais em Ibadan.

2. Utilizar o IMC para a idade para determinar a prevalência de baixo peso, excesso de peso e obesidade.

3. Determinar os factores associados (determinantes) responsáveis pela prevalência da obesidade entre os adolescentes em idade escolar nas áreas governamentais locais selecionadas em Ibadan.

Questões de investigação

1. Qual é a prevalência da obesidade entre os adolescentes que frequentam a escola nas áreas governamentais locais selecionadas em Ibadan? Existem diferenças de género?

2. Quais são os factores determinantes da obesidade entre os adolescentes que frequentam a escola nas áreas governamentais locais selecionadas em Ibadan?

3. Quais são os hábitos alimentares e os níveis de atividade física dos adolescentes em idade escolar nas áreas governamentais locais selecionadas em Ibadan.

4. Qual é o contributo da alimentação para a obesidade.

CAPÍTULO 2

REVISÃO DA LITERATURA

2.1. Definição de excesso de peso e obesidade

Uma medida ideal da obesidade deve ser exacta na sua estimativa da gordura corporal (excesso de adiposidade). No entanto, a capacidade de estimar com precisão o nível de gordura corporal é apenas um dos critérios necessários para uma medida eficaz da obesidade (Lobstein, 2010; Lahti-Koski e Gill, 2004). Além disso, devem ser fáceis de obter em termos de tempo, custo e aceitação pela criança, e bem documentados, com valores de referência publicados (Lobstein, 2010; Lahti-Koski e Gill, 2004). Os Centros de Controlo de Doenças (CDC) e a Organização Mundial de Saúde (OMS) utilizam um índice comum para determinar o estado do peso, conhecido como índice de massa corporal (IMC). (Baker, 2005; James et al, 2001). O quadro seguinte mostra a especificação de diferentes graus de excesso de peso e obesidade pela OMS.

Tabela 2.1. Classificação de Obesidade da OMS

Classification	BMI (kg/m^2)	Risk of comorbidities
Underweight	<18.5	Low (but risk of other clinical problems increased)
Normal range	18.5 - 24.9	
Overweight	25 - 29.9	Increased
Obese Class 1	30 - 34.9	Moderate
Obese Class 2	35 - 39.9	Severe
Obese Class 3 (Morbid Obesity	≥40	Very Severe

Source: WHO (2006)

Para as crianças pequenas, especialmente as que têm menos de 5 anos de idade, tem sido prática comum utilizar a relação peso/altura em vez do IMC para indicar o estado nutricional. Esta prática resulta de muitas décadas de preocupação com a subnutrição infantil e o atraso no crescimento. Nos adultos, a obesidade é geralmente definida como um IMC superior a 30 kg/m^2 , e o excesso de peso como um IMC entre 25 e 30 kg/m^2 A definição de um padrão único para as crianças é mais difícil - as crianças saudáveis apresentam flutuações significativas na relação entre o peso e a altura à medida que crescem durante a infância. O peso para a idade, a altura para a idade e o peso para a altura são utilizados para avaliar o crescimento e são comparados com curvas de crescimento publicadas, retiradas de uma população de referência (Lobstein, 2010). Muitos países desenvolveram gráficos de referência de crescimento através da realização de estudos transversais num grande número de crianças desde o nascimento até à idade adulta. Isto permitiu a construção de gráficos que indicam as alterações normais de peso e altura que se verificam tanto nos rapazes como nas raparigas em diferentes idades. A dispersão da variação nos padrões de crescimento é normalmente indicada através do ajuste de curvas de crescimento e da definição de percentis nestes gráficos. As pessoas cujas medidas se situam em percentis muito baixos de peso para a idade são consideradas com peso a menos e as que se situam nos percentis superiores de peso para a idade são consideradas com excesso de peso e obesas (Lahti-Koski e Gill, 2004). Foi proposta uma variedade de pontos de corte, sendo que a abordagem mais comummente utilizada classifica a obesidade como 120% ou mais do peso padrão (mediano) para o sexo, altura e idade. Outros sistemas de classificação utilizam determinados percentis nas curvas de crescimento de referência para definir o estado do peso, com o percentil 85th normalmente utilizado como ponto de corte para o excesso de peso e o percentil 95 para a obesidade (Deurenberg-Yap, e Gan, 2009; CDC, 2011; Lobstein, 2010). Uma medida mais sofisticada e precisa do estado do peso envolve o cálculo da pontuação Z (ou desvio padrão), subtraindo o valor de referência do peso medido e dividindo pelo desvio padrão da população de referência. Uma pontuação Z de +2 ou mais (ou seja, 2 DP acima da mediana) é normalmente considerada como um indicador de obesidade. Como esta abordagem fornece uma medida comparável do estado do peso que é contínua e não é influenciada pela idade e pelo sexo, é frequentemente utilizada em projectos de investigação em que é necessário calcular as médias e os desvios padrão do peso relativo para um grupo (Deurenberg-Yap, e Gan, 2009; OMS, 2011b).

Para crianças mais velhas e adolescentes, após o cálculo do IMC, este é depois traçado nos gráficos de crescimento do CDC do IMC para a idade para obter classificações de percentil. O percentil indica a posição relativa do número de IMC da criança entre crianças do mesmo sexo e idade. Os gráficos de crescimento mostram as categorias de estado de peso utilizadas com crianças e adolescentes (peso insuficiente, peso saudável, excesso de peso e obesidade) (CDC, 2011). Os pontos de corte são definidos da mesma forma que são definidos para o peso relativo à altura para a idade. A maioria dos países optou por nomear os percentis 85th e 95 do IMC para a idade e o género para definir o excesso de peso e a obesidade; embora ainda exista algum apoio para a utilização do IMC para as pontuações Z da idade (Lahti-Koski e Gill, 2004).

A confusão sobre a utilização de diferentes curvas de referência levou à criação de um painel de peritos pelo Grupo de Trabalho Internacional para a Obesidade (IOTF), que propôs um conjunto de pontos de corte do IMC com base em dados agrupados recolhidos de inquéritos a crianças no Brasil, Grã-Bretanha, Hong Kong, Singapura, Países Baixos e EUA. O painel concordou que o excesso de peso e a obesidade seriam definidos nas crianças de acordo com as curvas de centésimos de IMC que passavam pelos pontos de corte para adultos de IMC 25 e 30. O conjunto resultante de pontos de corte de IMC específicos para a idade e o género das crianças (pontos de corte IOTF/internacional/Cole) tem sido amplamente utilizado pelos investigadores e pelos governos e, assim, construindo um conjunto substancial de dados com base num conjunto comum de pontos de corte (Lobstein, 2010; Lahtli-Koski e Gill, 2004; Deurenberg-Yap, e Gan, 2009; Cole et al, 2000; Kimani-Murage, 2010).

Tabela 2.2. Pontos de corte recomendados pela IOTF para o excesso de peso e a obesidade, por género e idade, dos 2 aos 18 anos

Age (years)	BMI equivalent to adult BMI of $25kg/m^2$		BMI equivalent to adult BMI of $30kg/m^2$	
	Males	Females	Males	Females
2	18.4	18.02	20.09	19.81
2.5	181.13	17.76	19.80	19.55
3	17.89	17.56	19.57	19.36
3.5	17.69	17.40	19.39	19.23
4	17.55	17.28	19.29	19.15
4.5	17.47	17.19	19.26	19.12
5	17.42	17.15	19.30	19.17
5.5	17.45	17.20	19.47	19.34
6	17.55	17.34	19.78	19.65
6.5	17.71	17.53	20.23	20.08
7	17.92	17.75	20.63	20.51
7.5	18.16	18.03	21.09	21.01
8	18.44	18.35	21.60	21.57
8.5	18.76	18.69	22.17	22.18
9	19.10	19.07	22.77	22.81
9.5	19.46	19.45	23.39	23.46
10	19.84	19.86	24.00	24.11
10.5	20.20	20.29	24.57	24.77
11	20.55	20.74	25.10	25.42
11.5	20.89	21.20	25.58	26.05
12	21.22	21.68	26.02	26.67
12.5	21.56	22.14	26.43	27.24
13	21.91	22.58	26.84	27.76
13.5	22.27	22.98	27.25	28.20
14	22.62	23.34	27.63	28.57
14.5	22.96	23.66	27.98	28.87

Age (years)	BMI equivalent to adult BMI of 25kg/m^2		BMI equivalent to adult BMI of 30kg/m^2	
	Males	Females	Males	Females
15	23.29	23.94	28.30	29.11
15.5	23.60	24.17	28.60	29.29
16	23.90	24.37	28.88	29.43
16.5	24.19	24.54	29.14	29.56
17	24.46	24.70	29.41	29.69
17.5	24.73	24.85	29.70	29.84
18	25	25	30	30

Fonte: Cole et al, 2000

2.2. Prevalência da obesidade

2.2.1. Prevalência global

Globalmente, estima-se que 43 milhões de crianças em idade pré-escolar (com menos de 5 anos) tinham excesso de peso ou eram obesas em 2010, com 92 milhões em risco de ter excesso de peso. A prevalência de excesso de peso e obesidade infantil aumentou de 4,2% em 1990 para 6,7% em 2010 (um aumento relativo de 60%) (de Onis et al, 2010; Harvard School of Public Health, 2012).

Tabela 2.3 Prevalência de excesso de peso e obesidade (2 DPs da mediana do peso para a altura) e ICs de 95% em crianças de 0-5 anos, por regiões das Nações Unidas (ONU): 1990-20

UN regions & subregions	Overweight and Obesity						
	1990	1995	2000	2005	2010	2015	2020
AFRICA (%)	4.0	4.7	5.7	6.9	8.5	10.4	12.7
(95% CI)	3.1,4.9	3.8, 5.6	4.8,6.6	6.0,7.8	7.4,9.5	9.0,11.8	10.6,14.8
Eastern (%)	3.9	4.4	5.1	5.8	6.7	7.6	8.7
(95% CI)	2.6,5.6	3.3,5.9	4.0,6.4	4.7,7.2	5.2,8.5	5.6,10.3	5.9,12.7
Middle (%)	2.5	3.4	4.7	6.4	8.7	11.7	15.5
(95% CI)	1.4,4.4	2.3,5.2	3.6,6.2	5.1,8.0	6.5,11.5	7.7,17.2	9.0,25.5
Northern (%)	6.1	8.0	10.3	13.3	17.0	21.4	26.6
(95% CI)	3.4,10.8	4.8,13.0	6.7,15.6	9.3,18.7	12.8,22.2	17.2,26.3	22.6,31.0
Southern (%)	10.2	9.5	8.8	8.2	7.6	7.0	6.5
(95% CI)	6.8,15.0	6.6,13.5	6.3,12.2	6.0,11.1	5.6,10.3	5.1,9.6	4.6,9.2
Western (%)	2.2	2.9	3.8	4.9	6.4	8.3	10.6
(95% CI)	1.5,3.2	2.2,3.9	3.0,4.7	4.1,6.0	5.2,7.9	6.3,10.8	7.4,14.8

UN regions & subregions	Overweight and Obesity						
	1990	1995	2000	2005	2010	2015	2020
ASIA[1]							
(%)	3.2	3.4	3.7	4.2	4.9	5.7	6.8
(95% CI)	1.6,4.7	2.0,4.8	2.4,5.1	2.8,5.6	3.2,6.6	3.5,8.0	3.7,9.8
Eastern							
(%)	4.8	4.9	5.0	5.1	5.2	5.3	5.4
(95% CI)	2.4,9.3	2.5,9.6	2.5,9.9	2.5,10.3	2.5,10.6	2.5,11.0	2.5,11.3
South Central							
(%)	2.3	2.6	2.9	3.2	3.5	3.9	4.3
(95% CI)	0.8,5.6	1.1,5.8	1.5,5.4	1.7,5.7	1.7,7.0	1.6,9.3	1.4,12.8
Southeastern							
(%)	2.1	2.6	3.1	3.8	4.6	5.6	6.7
(95% CI)	1.7,2.5	2.1,3.1	2.5,3.9	2.8,5.0	3.2,6.5	3.7,8.4	4.1,10.9
Western							
(%)	3.0	4.5	6.8	10.1	14.7	21.0	29.1
(95% CI)	1.7,5.0	3.1,6.5	5.1,8.9	7.4,13.6	9.8,21.6	12.3,33.5	15.3,48.3
LATIN AMERICA & THE CARIBBEAN							
(%)	6.8	6.8	6.8	6.9	6.9	7.0	7.2
(95% CI)	5.6,8.1	5.7,7.9	5.8,7.9	5.8,7.9	5.9,8.0	5.9,8.2	5.8,8.5
Caribbean							
(%)	4.6	5.1	5.6	6.2	6.9	7.6	8.3
(95% CI)	3.1,6.9	3.6,7.1	4.1,7.6	4.5,8.5	4.7,9.9	4.8,11.7	4.8,14.0
Central America							
(%)	4.8	5.3	5.9	6.5	7.2	8.0	8.8
(95% CI)	3.5,6.4	4.2,6.7	4.8,7.1	5.3,6.9	5.6,9.2	5.8,10.8	6.0,12.9
South America							
(%)	8.0	7.7	7.4	7.1	6.8	6.5	6.3
(95% CI)	6.3,10.1	6.1,9.6	5.9,9.1	5.7,8.8	5.5,8.4	5.2,8.1	5.0,7.8
OCEANIA[2]							
(%)	2.9	3.1	3.2	3.3	3.5	3.6	3.8
(95% CI)	2.4,3.6	2.5,3.7	2.5,4.0	2.5,4.4	2.4,4.9	2.3,5.6	2.3,6.3
DEVELOPING COUNTRIES							
(%)	3.7	4.0	4.5	5.2	6.1	7.2	8.6
(95% CI)	2.6,4.8	3.0,5.0	3.6,5.4	4.2,6.1	5.0,7.2	5.7,8.6	6.6,10.5
DEVELOPED COUNTRIES[3]							
(%)	7.9	8.8	9.7	10.6	11.7	12.9	14.1
(95% CI)	6.0,10.4	6.6,11.5	7.3,12.7	8.1,13.9	8.9,15.3	9.7,16.8	10.7,18.4
GLOBAL							
(%)	4.2	4.6	5.1	5.8	6.7	7.8	9.7
(95% CI)	3.5,5.2	3.6,5.5	4.2,5.9	4.9,6.6	5.6,7.7	6.4,9.7	7.3,10.9

[1]Excluding Japan
[2]Excluding Australia and New Zealand
[3]Including Europe, Northern America, Australia, New Zealand and Japan
Source: de Onis et al, 2010

O problema afecta países, tanto ricos como pobres, e, pelos números, coloca o maior fardo sobre os mais pobres. Dos 43 milhões de crianças em idade pré-escolar com excesso de peso e obesidade, 35 milhões vivem em países em desenvolvimento (de Onis et al, 2010). Em 2020, se a atual epidemia continuar, 9% de todas as crianças em idade pré-escolar terão excesso de peso ou serão obesas, quase 60 milhões de crianças - um aumento relativo de 36% (de Onis et al, 2010; Harvard School of Public Health, 2012).

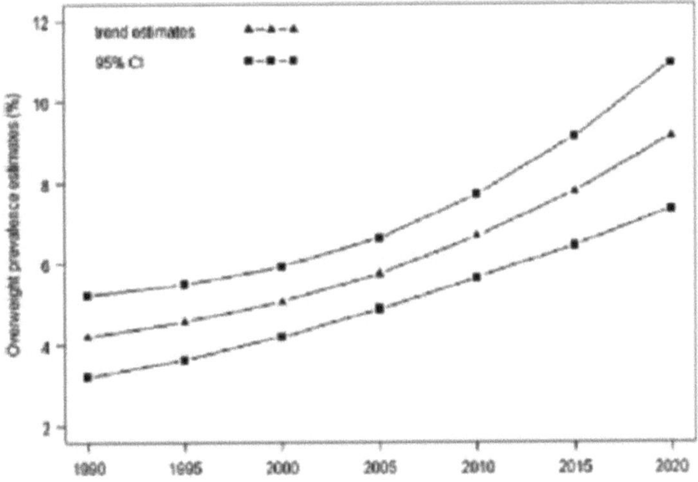

Figura 2.1. Prevalência global e tendência de excesso de peso e obesidade entre crianças em idade pré-escolar *Fonte*: de Onis et al (2010)

As estimativas da prevalência global de excesso de peso e obesidade entre crianças em idade escolar (faixa etária: 5-17 anos) em 2004 indicavam que cerca de 10% das crianças em idade escolar tinham excesso de peso, das quais cerca de um quarto (2-3% das crianças em idade escolar) eram obesas. A estimativa sugeria que cerca de 150-160 milhões de crianças em idade escolar em todo o mundo tinham excesso de peso, das quais cerca de 35-40 milhões eram obesas. Estes números globais abrangem uma vasta gama de níveis de prevalência em diferentes regiões e países, com a prevalência de excesso de peso entre as crianças em idade escolar em África e na Ásia a situar-se, em média, bem abaixo dos 5%, e > 20% nas Américas e na Europa (Lobstein, 2010; Wang e Lobstein, 2006).

Tabela 2.4. Prevalência estimada de excesso de peso e obesidade entre crianças em idade escolar

Region*	Obese %	Overweight (including Obese) %
Americas	15	46
Middle East and North Africa	12	42
Europe and former USSR	10	38
West Pacific	7	27
South East Asia	5	23
Africa	>1	>5

*Countries in each region are according to the World Health Organization
Source: Wang and Lobstein, 2006

2.2.2. Prevalência em África

Há apenas um pequeno número de inquéritos que examinam a prevalência do excesso de peso e da obesidade entre as crianças da África Subsariana. Com a pobreza e o subdesenvolvimento a exacerbarem a ameaça de doenças infecciosas, incluindo a síndrome de imunodeficiência adquirida pelo vírus da imunodeficiência humana (VIH-SIDA), a maioria dos programas de nutrição de saúde pública tem-se centrado na subnutrição e na segurança alimentar. Com base nas informações disponíveis, a prevalência da obesidade infantil continua a ser muito baixa nesta região, embora pareça estar a aumentar em vários países (Lobstein, 2010). Em África, a prevalência de excesso de peso e obesidade infantil em 2010 era de 8,5%, e espera-se que aumente para 12,7% em 2020 - um aumento relativo de 49% (de Onis et al, 2010).

Num estudo com 428 crianças, com idades compreendidas entre os 6 e os 12 anos, nos municípios de Dodoma e Kinondoni, na Tanzânia, 5,6% e 4,2% (Dondoma) e 6,3% e 8,6% (Kinondoni) foram consideradas obesas e com excesso de peso, respetivamente, no grupo etário dos 6 aos 9 anos. No grupo dos 10 aos 12 anos, 3,9% e 4,9% (Dondoma) e 5,8% e 5,8% (Kinondoni) foram considerados obesos e com excesso de peso (Mosha e Fungo, 2010). Num estudo com 1 172 crianças de escolas rurais (541 rapazes e 631 raparigas), com idades compreendidas entre os 10 e os 16 anos, residentes nas povoações de Mankweng e Toronto, Distrito de Capricórnio, Província do Limpopo, África do Sul, verificou-se uma maior prevalência de excesso de peso nas raparigas (11%) do que nos rapazes (9,1%); enquanto que o inverso se verificou em relação à obesidade (rapazes: 5,5%; raparigas: 4,4%) (Toriola et al, 2012). Num estudo com 1.138 crianças, entre os 10 e os 18 anos, em Cartum, Sudão, observou-se que 9% das crianças eram obesas, enquanto 10,8% tinham excesso de peso (Nagwa et al, 2011).

No Norte de África, estima-se que uma em cada seis crianças em idade pré-escolar tem excesso de peso ou

obesos - a taxa mais elevada do mundo e o triplo da registada em 1990. Existe uma grande variabilidade de país para país. Cerca de 20% das crianças em idade pré-escolar no Egito tinham excesso de peso ou eram obesas em 2008, em comparação com 5% no Sudão (de Onis et al, 2010; Harvard School of Public Health, 2012). Entretanto, na África Subsariana, as taxas de excesso de peso e obesidade entre os pré-escolares ainda se situam nos dígitos únicos - cerca de 9% na África Central, 6% na África Ocidental, 7% na África Oriental e 8% na África Austral. Mas para a maioria das regiões, estas taxas são o dobro ou o triplo do que eram há duas décadas; apenas a África Austral viu a taxa cair ligeiramente desde 1990 (de Onis et al, 2010; Harvard School of Public Health, 2012). A prevalência de obesidade nas crianças sul-africanas com idades entre os 3 e os 16 anos foi de 3,2% para os rapazes e 4,9% para as raparigas, enquanto a prevalência de excesso de peso foi de 14% para os rapazes e 17,9% para as raparigas. Outro estudo numa população em fase de transição na Província Noroeste da África do Sul mostrou que, de acordo com as normas da IOTF, 7,8% das crianças em idade escolar com 10-15 anos tinham excesso de peso ou eram obesas (Kelishadi, 2007).

2.2.3. Prevalência na Nigéria

Num dos primeiros estudos sobre obesidade, em 457 crianças nigerianas em idade escolar, entre os 6 e os 19 anos, em Abeokuta, Estado de Ogun, cerca de 3,2% (homens) e 5,1% (mulheres) foram considerados obesos com base no peso por idade. Quando a espessura da prega cutânea tricipital foi utilizada como base de medição, 3,7% (homens) e 3,3% (mulheres) foram considerados obesos (Akesode e Ajibode, 1983). Num estudo sobre 3240 estudantes do ensino primário e secundário no Estado de Benue, 88,5%, 9,7% e 1,8% tinham IMC normal, tinham excesso de peso e eram obesos, respetivamente. A prevalência de excesso de peso era mais elevada nas raparigas (20,3%) do que nos rapazes (16,2%), enquanto que a incidência de obesidade era relativamente mais elevada nos rapazes (3,5%). Em geral, verificou-se uma maior prevalência de excesso de peso e obesidade nas raparigas das zonas urbanas do que nas raparigas das zonas rurais. Entre os rapazes, foram encontradas tendências semelhantes, mas menos acentuadas, exceto que os rapazes das zonas rurais tendiam a ter mais excesso de peso, em média, do que os seus pares das zonas urbanas (Musa et al, 2012). Num estudo realizado em 2015 com crianças em idade escolar (979 rapazes e 1036 raparigas), com idades compreendidas entre os 9 e os 12 anos, em Makurdi, no Estado de Benue, utilizando as tabelas de IMC do CDC, 2,1%, 1,6% (rapazes) e 3,2%, 2,8% (raparigas) foram classificados como tendo excesso de peso e obesidade, respetivamente. Os dados correspondentes para as tabelas de IMC da IOTF eram 1,7%, 0,9% (rapazes) e 2,6%, 2,0% (raparigas) (Goon, Toriola, Shaw, 2009).

Num estudo sobre os factores determinantes da obesidade realizado em estudantes do sexo feminino de escolas privadas e públicas numa área governamental local no Estado de Osun, a maioria dos inquiridos de escolas privadas (65,2%) tinha um bom conhecimento sobre a obesidade e assuntos relacionados, enquanto a maioria dos inquiridos de escolas públicas (65,9%) tinha um conhecimento fraco. A prática alimentar da maioria das raparigas de escolas privadas (60,2%) não era saudável, enquanto a maioria das raparigas de escolas públicas (68,7%) tinha práticas alimentares saudáveis. A maioria dos inquiridos das escolas privadas (64,2%) tinha um estilo de vida sedentário, enquanto a maioria das escolas públicas (64,0%) tinha um estilo de vida ativo. Com base no IMC, a maioria das raparigas das escolas privadas tinha baixo peso (52%), 10 (4,0%) tinham excesso de peso e 3 (1,2%) eram obesas. Nas escolas públicas, a maioria (55,4%) enquadrava-se no grupo normal, 6 (2,3%) tinham excesso de peso e nenhuma era obesa (Ojofeitimi et al, 2011). Um estudo entre crianças em idade escolar em Uyo, Estado de Akwa Ibom, revelou uma prevalência muito baixa de obesidade nas escolas públicas (0,2%). Enquanto que a prevalência nas escolas privadas era de 11,1%, sendo as raparigas mais propensas a serem obesas (6,9%) do que os rapazes (4,2%) (Opara, Ikpeme e Ukanem, 2010). Num inquérito transversal a 720 estudantes do ensino primário e secundário em Ile-Ife, no Estado de Osun, 20 (2,8%) dos inquiridos tinham excesso de peso, dos quais 17 (85,0%) eram do sexo feminino e três (15,0%) do sexo masculino. Dois (0,3%) dos inquiridos eram obesos, sendo ambos do sexo feminino (Adegoke et al, 2009). Num estudo transversal na área governamental local de Eti-Osa do Estado de Lagos, realizado em 1504 adolescentes com idades compreendidas entre os 10 e os 19 anos, as taxas de prevalência de excesso de peso e obesidade nas zonas urbanas e rurais eram de 3,7% e 0,4%, e 3,0% e 0,0%, respetivamente (Ben-Bassey, Oduwole e Ogundipe, 2007). Além disso, noutro estudo transversal de 1005 crianças com idades compreendidas entre os 6 e os 18 anos em Calabar, no Estado de Cross Rivers, a prevalência da obesidade era de 2,3% no grupo etário dos 6-12 anos, 4,0% no grupo etário dos 13-15 anos e 3,0% no grupo etário dos 16-18 anos (Ansa, Odigwe e Anah, 2001). Num estudo com 270 crianças em idade pré-escolar, a prevalência de excesso de peso e obesidade era de 13,7% e 5,2%, respetivamente (Senbanjo e Adejuyigbe, 2007). Num estudo realizado com 960 estudantes do ensino secundário, com idades compreendidas entre os 10 e os 19 anos, em Port Harcourt, no Estado de Rivers, a prevalência de excesso de peso e obesidade era de 6,3% e 1,8%, respetivamente. Alguns dos factores identificados como responsáveis pela taxa de excesso de peso e obesidade nos adolescentes foram: classe socioeconómica elevada, elevada escolaridade materna, passar > 3 horas por dia a ver televisão e ingestão frequente de snacks (Adesina, Peterside, Anochie e Akani, 2012).

Num estudo sobre o padrão de atividade física e os níveis de obesidade infantil realizado em 570 crianças em Abeokuta, 411 (72,1%) estavam envolvidas em actividades físicas moderadas a vigorosas e 11 (1,9%) tinham excesso de peso ou eram obesas. O envolvimento em actividades físicas era maior nas crianças mais velhas, no sexo masculino e nos filhos de mães com um nível de escolaridade mais elevado (Senbanjo e Osikoya, 2010). Num estudo transversal, de base escolar, com 885 adolescentes aparentemente saudáveis em Lagos, a prevalência de excesso de peso e obesidade foi de 13,8% e 9,4%, respetivamente. A prevalência da PA sistólica e da PA diastólica na faixa hipertensiva em indivíduos obesos foi de 16%, em comparação com 2,3% em indivíduos com IMC normal, e foi de 12,1% no sexo feminino contra 6,4% no sexo masculino. A prevalência de PA diastólica na faixa hipertensiva foi de 15,2% em indivíduos obesos contra 3,5% em indivíduos normais, e 12% em mulheres contra 1,4% em homens (Oduwole et al, 2012). Noutro estudo transversal com 1.599 crianças e adolescentes, dos 5 aos 18 anos de idade, selecionados aleatoriamente em escolas de quatro cidades urbanas: Lagos, Port Harcourt, Nsukka e Aba, a prevalência de sobrepeso e obesidade foi de 11,4% e 2,8%, respetivamente. As mulheres (3,7%) eram mais obesas do que os homens (1,8%). A prevalência de excesso de peso era mais elevada entre os adolescentes dos 10 aos 18 anos de idade (13%) do que entre as crianças dos 5 aos 9 anos de idade (9,4%), e era mais elevada (23,1%) aos 15 anos de idade. Foram observados aumentos e diminuições relacionados com a idade e o sexo na prevalência de excesso de peso e obesidade. As taxas de excesso de peso e obesidade foram afectadas pela localização e pelos níveis de rendimento (Ene-Obong, Ibeanu, Onuoha e Ejekwu, 2012). Num estudo sobre os determinantes socioeconómicos da obesidade infantil no Estado de Edo, a prevalência de excesso de peso e obesidade foi de 40 (9,8%) e 27 (6,7%), respetivamente. Verificou-se que a obesidade era mais elevada entre os inquiridos do sexo feminino, entre os que frequentavam escolas privadas, entre os que iam para a escola em carros pessoais e entre aqueles cujas mães tinham um nível de educação superior e uma classe social mais elevada (Omuemu e Ogboghodo, 2012).

2.3. Factores de risco para a obesidade

A patogénese da obesidade é muito mais complexa do que o simples paradigma de um desequilíbrio entre a ingestão e a produção de energia. Dois grandes grupos de factores, com um equilíbrio que se entrelaça de forma variável no desenvolvimento da obesidade, são a genética, que se presume explicar 40-60% da variação da obesidade, e os factores ambientais (Dehghan et al, 2005; Elamin, 2010). Embora a elevada prevalência de obesidade nos filhos de pais obesos e a elevada taxa de concordância da obesidade em gémeos idênticos sugiram uma componente genética substancial na patogénese da obesidade, as tendências epidemiológicas seculares das últimas décadas sugerem um papel importante dos factores ambientais. Os factores genéticos influenciam a suscetibilidade de uma dada criança a um ambiente propício à obesidade. No entanto, os factores ambientais, como os hábitos alimentares, as preferências de estilo de vida, as condições socioeconómicas e o comportamento cultural parecem desempenhar o papel principal no aumento da prevalência da obesidade em todo o mundo (Elamin, 2010; Ebbeling, Pawlak e Ludwig, 2002). Os grupos de defesa acusaram os meios de comunicação social como os culpados pela comercialização de comida de plástico para as crianças. Em resposta, os fabricantes de alimentos culparam a inatividade física e a falta de influência dos pais na dieta. É provável que estes factores-chave tenham trabalhado em conjunto para aumentar a prevalência do excesso de peso e da obesidade infantil (Wieting, 2008).

2.3.1. Raça, etnia e factores sociais

A obesidade entre as crianças e os adolescentes está a alastrar-se através das linhas de raça, género e estatuto socioeconómico, mas o maior aumento da prevalência verifica-se atualmente entre as populações não brancas (Caprio et al, 2008; Wieting, 2008). As razões para as diferenças na prevalência podem ser atribuídas à genética, à fisiologia, à cultura, ao estatuto socioeconómico (SES), ao ambiente e às interações entre estas variáveis, bem como a outras ainda não totalmente reconhecidas. Compreender a influência destas variáveis nos padrões de alimentação e atividade física que conduzem à obesidade será fundamental para desenvolver políticas públicas e intervenções clínicas eficazes para prevenir e tratar a obesidade infantil (Caprio et al, 2008). A prevalência de excesso de peso e obesidade é maior em crianças de origem não caucasiana que vivem em sociedades ocidentais, mas este efeito torna-se menos forte quando se corrige o contexto social (Department of Youth Health Care, 2007). Em contraste com os 13% de jovens brancos com excesso de peso, 24% dos afro-americanos, 24% dos mexicanos americanos e 20% dos adolescentes afro-americanos não hispânicos têm excesso de peso. Estima-se que 39% dos jovens nativos americanos correm o risco de ter excesso de peso (Wieting, 2008). A prevalência da obesidade é particularmente elevada entre os homens mexicanos americanos (mais de 27% das crianças e adolescentes) e as mulheres afro-americanas (22% das crianças e 29% dos adolescentes) (Wieting, 2008).

Entre os adultos, está bem estabelecida uma relação negativa entre o estatuto socioeconómico (SES) (por exemplo, rendimento dos pais, educação dos pais, estatuto profissional) e o excesso de peso ou a obesidade. No entanto, esta relação parece ser mais fraca e menos consistente nas crianças (US Department of Health and Human Services, 2005). Vários estudos concluem que o NSE está negativamente associado ao excesso de peso ou à obesidade das crianças. As crianças com mães obesas, baixos rendimentos familiares e menor estimulação cognitiva têm riscos significativamente elevados de desenvolver obesidade, independentemente de outros factores demográficos e socioeconómicos. Em contrapartida, o aumento das taxas de obesidade nas crianças de raça negra, nas crianças com menor escolaridade familiar e nos pais não profissionais pode ser mediado pelos efeitos de confusão dos baixos rendimentos e dos níveis mais baixos de estimulação cognitiva

(Departamento de Saúde e Serviços Humanos dos EUA, 2005; Straus e Knight, 1999). Parece que a relação entre o NSE e a obesidade varia consoante a raça/etnia; de tal forma que a relação negativa só é evidente entre os adolescentes brancos e não é evidente entre os adolescentes não brancos (US Department of Health and Human Services, 2005). As crianças negras e latinas de famílias com estatuto socioeconómico mais elevado não têm menos probabilidades de ter excesso de peso ou obesidade do que as crianças de famílias com estatuto socioeconómico mais baixo. Apesar do impacto mais pronunciado do NSE entre as crianças brancas, estas têm uma probabilidade substancialmente menor de ter excesso de peso ou obesidade do que as crianças negras, latinas ou nativas americanas, que são desproporcionalmente afectadas pela obesidade (US Department of Health and Human Services, 2005; Crawford et al, 2001; Straus e Pollack, 2001).

Os resultados dos estudos sugerem que os efeitos da raça/etnia e do NSE na prevalência da obesidade infantil não podem ser determinados individualmente porque são colineares. Por conseguinte, as provas são frequentemente inconsistentes devido à dificuldade de separar os factores que se sobrepõem (US Department of Health and Human Services, 2005). Além disso, a relação entre raça/etnia, NSE e obesidade infantil pode resultar de uma série de causas subjacentes, incluindo maus padrões alimentares (por exemplo, comer menos frutas e legumes, mais gorduras saturadas), praticar menos atividade física, comportamentos mais sedentários e atitudes culturais sobre o peso corporal. Claramente, estes factores tendem a coocorrer e é provável que contribuam conjuntamente para diferenciais no aumento do risco de obesidade nas crianças (US Department of Health and Human Services, 2005; Strauss e Knight, 1999).

2.3.2. Inatividade física e comportamentos sedentários

Tem sido levantada a hipótese de que um declínio constante na atividade física entre todos os grupos etários da população humana tem contribuído fortemente para o aumento das taxas de obesidade em todo o mundo (Departamento de Saúde e Serviços Humanos dos EUA, 2005; Dehghan et al, 2005; Kimani-Murage, 2010; Elamin, 2010). As associações entre os padrões alimentares e o risco de obesidade não podem ser vistas isoladamente, e as interações entre o consumo de alimentos e outros comportamentos relevantes do estilo de vida devem ser consideradas (Sharma, 2008). Numerosos estudos demonstraram que os comportamentos sedentários, como ver televisão e jogar jogos de computador, estão associados ao aumento da prevalência da obesidade (Elamin, 2010; Departamento de Saúde e Serviços Humanos dos EUA, 2005). Vários factores, incluindo a tecnologia e o ambiente urbano, contribuem para o declínio dos níveis de atividade física nos tempos modernos. A disponibilidade de electrodomésticos electrónicos, as ferramentas de entretenimento no interior das cidades, a falta de uma vizinhança segura e a falta de parques públicos desencorajam o exercício físico e as actividades ao ar livre (Elamin, 2010; Gordon-Larsen et al, 2004).

A idade e o sexo influenciam a probabilidade de uma criança participar em actividades físicas e desportivas. A investigação indica que os rapazes são geralmente mais activos fisicamente, participam mais em desportos e são mais aptos fisicamente do que as raparigas. Está também documentado um declínio da atividade física com a idade (incluindo a participação em desportos), desde a infância até à adolescência, sobretudo nas raparigas. Este declínio da atividade física com a idade pode ser explicado pelo início da puberdade e pelas mudanças físicas, sociais e emocionais que a acompanham (Kimani-Murage, 2010). A diferença de género no declínio pode dever-se à crença das raparigas de que o desporto e a atividade física não são femininos, que se reforça à medida que se aproximam da puberdade (Goran et al. 1998).

O efeito do visionamento de televisão no risco de obesidade é de particular interesse. Pensa-se que o visionamento de televisão promove o aumento de peso, não só por substituir a atividade física, mas também por aumentar a ingestão de energia. As crianças parecem consumir passivamente quantidades excessivas de energia densa

alimentos enquanto vêem televisão. Além disso, a publicidade televisiva pode afetar negativamente os padrões alimentares noutras alturas do dia. As crianças norte-americanas e britânicas estão expostas a cerca de dez anúncios de alimentos por hora de televisão (o que equivale a milhares por ano), principalmente de fast food, refrigerantes, doces e cereais de pequeno-almoço adoçados com açúcar (Ebbeling, Pawlak e Ludwig, 2002; US Department of Health and Human Services, 2005). A exposição a anúncios de 30 segundos aumenta a probabilidade de as crianças de 3-5 anos seleccionarem mais tarde um alimento anunciado quando lhes são apresentadas opções. Além disso, o visionamento de televisão durante a hora das refeições está inversamente associado ao consumo de produtos que não são tipicamente publicitados, como frutas e legumes (Ebbeling, Pawlak e Ludwig, 2002; Coon et al, 2001; Borzekowski e Robinson, 2001). As crianças passam uma média de 5,5 horas por dia a utilizar vários meios de comunicação social e estão expostas a uma média de um anúncio alimentar a cada 5 minutos - 40 000 anúncios televisivos por ano (Wieting, 2008). A maioria desses anúncios é de doces, cereais com elevado teor de açúcar e comida rápida (Wieting, 2008; Story e French, 2004). As campanhas publicitárias associam alimentos, bebidas e doces

produtos com caraterísticas aliciantes, como personagens de filmes e desenhos animados, brinquedos, jogos de vídeo, clubes infantis de marca, a Internet e materiais educativos (Montgomery, 2000). Este tipo de publicidade é especialmente influente entre as crianças com menos de 8 anos porque têm uma compreensão limitada da intenção persuasiva dos anunciantes (Wieting, 2008)

2.3.3. Factores de desenvolvimento

Os períodos críticos para o desenvolvimento da obesidade e das complicações relacionadas incluem o período inicial da vida (pré-natal e perinatal), o período de recuperação da adiposidade durante a metade da infância (ou seja, entre os 5 e os 7 anos de idade) e o período da adolescência (Kimani-Murage, 2010; Dietz, 1994). A subnutrição ou a sobrenutrição pré-natal e perinatal influenciam a adiposidade numa fase posterior da vida (Dietz, 1994). Dietz (1994) formulou uma forte hipótese de que o baixo peso à nascença, relacionado com a exposição à subnutrição durante o primeiro trimestre, confere à criança um maior risco de adiposidade e hipertensão ou diabetes mais tarde. A sobrenutrição, representada pela diabetes gestacional ou pelo peso elevado à nascença, está associada à adiposidade posterior (Kimani-Murage, 2010; Martorell et al, 2001).

A programação do desenvolvimento durante o período pré-natal e perinatal pode ter implicações no desenvolvimento da obesidade e dos riscos para a saúde relacionados com a obesidade mais tarde na vida (Gardner e Rhodes, 2009; Cripps et al, 2005; Kimani-Murage, 2010). Os insultos no início da vida, por exemplo, a exposição ao tabagismo materno pré-natal, a subnutrição ou sobrenutrição gestacional, a duração inadequada do aleitamento materno e a duração inadequada do sono infantil podem resultar numa programação da criança que pode levar a um desequilíbrio energético. Uma hipótese famosa no que respeita à programação do desenvolvimento é a "hipótese do fenótipo parcimonioso", também conhecida como "hipótese de Barker", proposta por Hales e Barker em 1992 (Kimani-Murage, 2010). Alguns dos mecanismos propostos para este processo incluem:

1. Perturbações do funcionamento dos órgãos, que podem resultar em alterações da secreção e da sensibilidade da insulina.

2. Perturbações na regulação do apetite, devido a disfunção do sistema nervoso central, e aumento do tamanho e/ou do número de células adiposas ou alterações na função do tecido adiposo (Kimani-Murage, 2010; Gardner e Rhodes, 2009).

Em resposta ao seu ambiente, o feto pode efetuar adaptações fisiológicas em preparação para a vida pós-natal. Por exemplo, as agressões precoces podem programar os mecanismos de regulação do apetite e ter consequências a longo prazo no que respeita à ingestão de alimentos e às preferências alimentares numa fase posterior da vida. A programação do desenvolvimento também tem implicações na deteção de energia e na regulação do gasto energético. Por conseguinte, nos indivíduos que são programados pelo desenvolvimento, o excesso de energia é progressivamente armazenado em vez de ser detetado e regulado, aumentando o risco de obesidade e morbilidade relacionada com a obesidade ao longo da vida (Kimani-Murage, 2010; Gardner e Rhodes 2009).

A exposição dos bebés à sobrenutrição materna pode conferir um risco mais elevado de obesidade, mas um risco reduzido de morbilidade subsequente para os bebés (Dietz, 1994). A obesidade materna aumenta a transferência de nutrientes através da placenta, induzindo alterações permanentes no apetite, no funcionamento neuroendócrino ou no metabolismo energético (Ebbeling, Pawlak e Ludwig, 2002). O tabagismo materno durante a gravidez também tem sido associado a um risco acrescido de obesidade infantil. Foi encontrada uma relação dose-dependente entre o número de cigarros fumados durante a gravidez e a extensão do excesso de peso ou obesidade infantil, depois de se ter em conta potenciais factores de confusão, incluindo a classe social, o peso materno e o peso à nascença (Sharma, 2008; Procter, 2007). Não houve associação com o tabagismo após a gravidez, sugerindo que foi a exposição intra-uterina que foi fundamental para o aumento do risco de obesidade (Sharma, 2008).

O período de recuperação da adiposidade, entre os 5 e os 7 anos de idade, representa outro período crítico para o desenvolvimento subsequente da adiposidade (Dietz, 1994). O IMC aumenta no primeiro ano de vida, mas diminui nos anos seguintes. No entanto, a partir dos cinco anos de idade, o IMC começa a aumentar novamente. Este período, em que o IMC começa a aumentar novamente, é referido como o período de recuperação da adiposidade. O momento em que ocorre esta recuperação da adiposidade pode ter implicações significativas na obesidade ao longo da vida. O risco de aumento do IMC e da adiposidade na adolescência e na idade adulta é mais elevado se a recuperação da adiposidade começar numa idade precoce (antes dos 5,5 anos) do que se for média (6-6,5 anos) ou tardia (após os 7 anos) (Rolland-Cachera et al, 1987).

A última fase crítica proposta para o desenvolvimento da obesidade é durante a adolescência (Dietz, 1994). A obesidade que tem o seu início durante a adolescência persistirá em aproximadamente metade dos adolescentes até à idade adulta (Dietz, 1998). O risco de desenvolvimento da obesidade é aparentemente mais elevado e persiste durante mais tempo nas mulheres do que nos homens. A adolescência também parece ser um período crítico para o início da morbidade relacionada à obesidade (Dietz 1998; Kimani-Murage, 2010).

2.3.4. Factores dietéticos

Nas últimas décadas, os alimentos tornaram-se mais acessíveis a um maior número de pessoas, uma vez que o preço dos alimentos diminuiu substancialmente em relação ao rendimento, e o conceito de "alimento" passou de um meio de alimentação para um marcador de estilo de vida e uma fonte de prazer. É evidente que o aumento da atividade física não é suscetível de compensar uma dieta rica em energia e pobre em nutrientes. São necessárias 1 a 2 horas de atividade extremamente vigorosa para compensar uma única refeição infantil de tamanho grande num restaurante de fast food, que normalmente fornece mais de 785 kcal. O consumo frequente de tal dieta dificilmente pode ser contrariado pelo exercício regular de uma criança ou adulto médio (Elamin, 2010; Dehghan et al, 2005; Styne, 2005). As crianças e os adolescentes estão a comer mais fora de casa, a beber mais bebidas açucaradas e a petiscar com mais frequência (US Department of Health and Human Services, 2005). Verificou-se que um elevado consumo de alimentos não saudáveis, incluindo fast food e bebidas açucaradas, contribui para a obesidade. Quando as crianças consomem fast food, é mais provável que a sua ingestão de energia e de gordura seja mais elevada e que a ingestão de fruta e legumes seja inferior às porções recomendadas (Bowman et al, 2004). As crianças que comiam fast food consumiam em média mais 770 kJ/dia do que as que não consumiam. Em teoria, isto poderia resultar num aumento de peso de 2,7 kg/ano numa criança que consumisse regularmente fast food. Além disso, o aumento da ingestão de bebidas açucaradas e/ou refrigerantes levou a um aumento da ingestão de energia (Sharma, 2008).

medida que a incidência de excesso de peso e obesidade tem vindo a aumentar, tem-se registado um aumento correspondente no tamanho das porções dos alimentos servidos em restaurantes e estabelecimentos de fast food (Sharma, 2008). O tamanho da porção foi positivamente associado ao percentil do IMC em rapazes com idades compreendidas entre os 6 e os 11 anos e em adolescentes com idades compreendidas entre os 12 e os 19 anos, mas não em crianças de 3 a 5 anos e em raparigas com idades compreendidas entre os 6 e os 11 anos (Huang et al, 2004). Nas crianças, as pistas de saciedade podem começar a ser anuladas por pistas ambientais, incluindo a pressão dos pais para "limpar o prato", permitindo a preferência por porções maiores (Colapinto, Fitzgerald, Taper e Veugelers, 2007). As crianças que jantavam em frente à televisão mais do que uma vez por semana tinham maior probabilidade de escolher porções maiores. Além disso, as crianças que comiam num restaurante de fast food mais de uma vez por semana escolhiam porções maiores de batatas fritas e batatas fritas e, inversamente, porções menores de legumes (Colapinto, Fitzgerald, Taper e Veugelers, 2007). O consumo de snacks também tem sido apontado como um fator de risco para a obesidade. Os indivíduos tornaram-se menos inclinados a comer três refeições por dia, criando intervalos mais frequentes e irregulares de alimentação. O consumo de snacks tem sido associado a alimentos mais densos em energia e a um maior número de alimentos totais consumidos, o que contribui para o balanço energético positivo conhecido por conduzir ao aumento de peso (Procter, 2007; Sharma, 2008).

2.3.5. Factores genéticos

A obesidade resulta de uma combinação de factores ambientais e genéticos. As provas mais convincentes de uma componente genética da obesidade provêm de estudos de gémeos e de adoção (Stunkard et al, 1990; Stunkard et al, 1986; Bodurtha et al, 1990). A comparação da obesidade em gémeos monozigóticos com a obesidade em gémeos dizigóticos indicou quocientes de hereditariedade que variam entre 0,4 e 0,98 (em que 0 = nenhuma herança e 1,0 = herança completa da caraterística). Embora o ambiente partilhado por gémeos monozigóticos seja mais semelhante do que o ambiente partilhado por gémeos dizigóticos, a hereditariedade do IMC não é diferente em gémeos idênticos criados juntos ou separados (Stunkard et al, 1990; Stunkard et al, 1986; Bodurtha et al, 1990). A evidência destes estudos sugere fortemente que os parentes biológicos apresentam semelhanças na manutenção do peso corporal, e que a hereditariedade contribui entre 5 e 40% do risco de obesidade (McPherson, 2007). Outros estudos indicam que 50-70% do IMC e do grau de adiposidade (gordura) de uma pessoa são determinados por influências genéticas e que há 75% de hipóteses de uma criança ter excesso de peso se ambos os pais forem obesos, e 25-50% de hipóteses se apenas um dos pais for obeso (US Department of Health and Human Services, 2005).

As origens genéticas da obesidade podem ser consideradas em três grandes áreas. Em primeiro lugar, os genes que codificam as proteínas que regulam a ingestão de alimentos ao nível do hipotálamo (por exemplo, moléculas produzidas centralmente, como a asproopiomelanocortina [POMC]

alfa-melanócito-hormona estimulante, que sinaliza através do recetor da melanocortina-4 [MC4R], ou moléculas periféricas, como a leptina, a grelina e o péptido YY [PYY]3-36) parecem ter um efeito na obesidade (Scwartz et al, 2000; Shimada et al, 1998; Montague et al, 1997; Mcpherson, 2007). É provável que os defeitos a este nível predominem nos fenótipos de obesidade associados a uma hiperfagia relativa. Estes doentes podem perder peso rapidamente em resposta à restrição energética e podem beneficiar mais de agentes farmacológicos que suprimem o apetite. Em segundo lugar, ao nível dos adipócitos, a variação genética em vários genes que regulam a diferenciação dos pré-adipócitos (por exemplo, recetor ativado por proliferador de peroxissoma-gama [PPAR γ]), a síntese de triglicéridos (por exemplo, A síntese de triglicéridos (por exemplo, diacilglicerol aciltransferase

[DGAT]-1) e o potencial lipolítico (por exemplo, receptores beta-adrenérgicos e perilipina) têm sido associados a uma propensão para a obesidade em animais e seres humanos e podem afetar a suscetibilidade ao aumento de peso na ausência de hiperfagia significativa. Em terceiro lugar, os genes que regulam a biogénese mitocondrial e/ou a termogénese adaptativa podem alterar a propensão para ganhar ou perder peso e podem ser alvos terapêuticos em indivíduos obesos resistentes à perda de peso (McPherson, 2007; Lowell e Spiegelman, 2000).

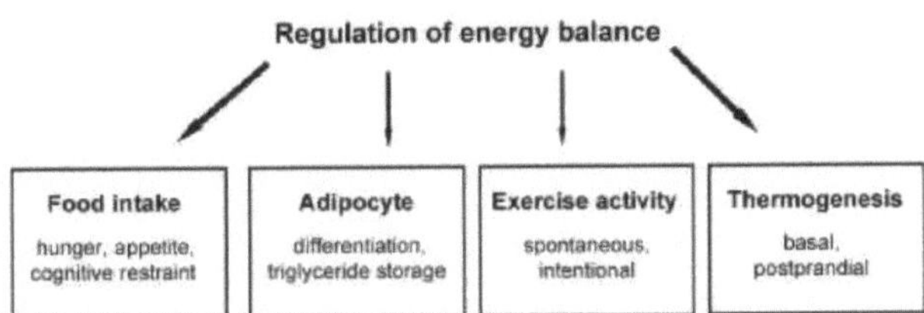

Figura 2.2. Origens genéticas da obesidade *Fonte:* McPherson, 2007

2.4. Complicações da obesidade

Tabela 2.5. Complicações da obesidade

Psychosocial	Low self-esteem
	Anxiety
	Depression
	Eating disorders
	Isolation
Endocrine	Insulin resistance
	Type-2 diabetes
	Polycystic ovaries
	Hypogonadism
Cardiovascular	Dyslipidaemia
	Hypertension
Pulmonary	Asthma
	Exercise intolerance
	Sleep apnea
Gastrointestinal	Gallstones
	Constipation
Renal	Glomerulosclerosis
Musculoskelatal	Flat feet
	Back pain

Source. Ludwig, 2007

A epidemia mundial de obesidade infantil está a aumentar a um ritmo alarmante. Provoca alterações biológicas irreversíveis nas vias hormonais, nas células adiposas e no cérebro que aumentam a fome e afectam negativamente o metabolismo (Ludwig, 2007). O excesso de peso na infância aumenta o risco de excesso de peso na idade adulta e, com ele, o risco de aparecimento precoce de doenças crónicas relacionadas com a obesidade. Os indivíduos com excesso de peso podem ter sinais precoces de doenças crónicas, sem estarem conscientes do problema, exacerbando o provável resultado da doença (Lobstein, 2010). Muitas crianças correm o risco de ter problemas ortopédicos relacionados com o peso, estigmatização social e anomalias endócrinas. Os factores de risco para a doença cardíaca coronária (DCC), como a hipertensão, a dislipidemia, a tolerância à glicose diminuída e as anomalias vasculares, já estão presentes nas crianças com excesso de peso. O excesso de peso na infância pode aumentar a probabilidade de doença cardíaca na idade adulta como resultado do estabelecimento precoce destes factores de risco (Baker, Olsen e Sorenson, 2007; Robinson et al, 2011; Ebbeling, Pawlak e Ludwig, 2002). Dada a crescente prevalência da obesidade infantil e das doenças relacionadas, bem como a crescente ênfase no exercício e na nutrição adequada na literatura médica e nos meios de comunicação social, os médicos devem assumir um papel ativo no reconhecimento, prevenção e gestão da obesidade infantil (Robinson et al, 2011; Ebbeling, Pawlak e Ludwig, 2002).

2.4.1. Consequências cardiovasculares

Tabela 2.6. Consequências cardiovasculares da obesidade

Cardiovascular/Metabolic Factor	Risks/Consequences
Blood Pressure	Elevation of blood pressure/hypertension
Systemic Arteries	• Endothelial dysfunction • Increased carotid artery stiffness • Increased carotid artery intima-media thickness
Left ventricular structure/geometry	• Increased left ventricular mass /left ventricular hypertrophy • Increased left ventricular diameter
Metabolic syndrome	Clustering of cardiovascular risk factors (obesity, elevated blood pressure, insulin resistance, dyslipidaemia)

Source: Ho, 2009

Como resultado do aumento da obesidade infantil que conduz à obesidade adulta, estima-se que a prevalência da doença coronária (CHD) aumente de 5% para 16% até 2035, com mais de 100 000 casos de CHD atribuídos ao aumento previsto da obesidade (Bibbins-Domingo, Coxson, Pletcher et al, 2007). A obesidade predispõe os seres humanos a alterações tanto na estrutura cardíaca como na hemodinâmica. Combinada com uma adiposidade excessiva, a obesidade provoca um aumento do volume sanguíneo e do débito cardíaco e pode levar à cardiomiopatia (Robinson et al, 2011). Um índice de massa corporal elevado está associado a vários factores de risco de doença cardíaca coronária (DCC), incluindo hipertensão, dislipidemia e diabetes (Bibbins-Domingo, Coxson, Pletcher et al, 2007).

Embora a hipertensão seja relativamente rara nas crianças, as crianças obesas têm um risco três vezes maior de sofrer de hipertensão do que as crianças não obesas. Além disso, o risco de hipertensão em crianças aumenta em toda a gama de valores do índice de massa corporal (IMC) e não é definido por um simples efeito de limiar (Sorof e Daniels, 2002: Robinson et al, 2011; Sorof et al, 2004). Tal como nos adultos, uma combinação de factores, incluindo a sobreactividade do sistema nervoso simpático (SNS), a resistência à insulina e as anomalias na estrutura e função vascular, pode contribuir para a hipertensão relacionada com a obesidade nas crianças (Sorof e Daniels, 2002).

2.4.2. Complicações endócrinas

Nas últimas duas décadas, o número de crianças com um diagnóstico de diabetes mellitus tipo 2 (DM2), uma doença que anteriormente afectava apenas adultos, aumentou 10 vezes (Ebbeling, Pawlak e Ludwig, 2002; Robinson et al, 2011; Ludwig e Ebbeling, 2001). Esta condição é quase inteiramente atribuível à epidemia de obesidade pediátrica, embora a hereditariedade e os factores de estilo de vida afectem o risco individual (Ebbeling, Pawlak e Ludwig, 2002). As crianças que desenvolvem DM2 correm o risco de sofrer alterações microvasculares e macrovasculares, incluindo retinopatia, nefropatia, neuropatia e aterosclerose em idades mais jovens do que aquelas que desenvolvem a doença mais tarde na vida (Ebbeling, Pawlak e Ludwig, 2002; Hannon, Rao, Arslanian, 2005). Um estado pré-diabético, que consiste na intolerância à glucose e na resistência à insulina, parece ser altamente prevalente entre as crianças gravemente obesas, independentemente do grupo étnico, mesmo antes de serem cumpridos os critérios de diagnóstico formal da diabetes (Ebbeling, Pawlak e Ludwig, 2002; Sinha et al, 2002). A puberdade está associada ao aumento da secreção da hormona do crescimento, que promove um estado transitório de resistência à insulina. Por conseguinte, a puberdade aumenta o risco de uma criança evoluir da resistência à insulina para uma diabetes franca (Hannon, Rao, Arslanian, 2005).

2.4.3. Complicações pulmonares

Nas últimas duas décadas, registou-se um aumento da prevalência da asma e da obesidade (Robinson et al, 2011). Não foi claramente estabelecida uma relação de causa e efeito entre a asma e a obesidade, mas o aumento simultâneo de ambas as condições levou os investigadores a examinar se existe uma ligação (Speiser et al, 2005; Robinson et al, 2011). Os possíveis mecanismos para o desenvolvimento da asma incluem a dieta, o refluxo gastroesofágico, os efeitos mecânicos da obesidade, a atopia e as influências hormonais (Robinson et al, 2011; Flaherman e Rutherford, 2006). Nas pessoas obesas, os sintomas de falta de ar e pieira podem dever-se ao aumento do trabalho respiratório (Speiser et al, 2005). Alternativamente, a obesidade pode ter um efeito direto sobre o comportamento mecânico do sistema respiratório, alterando a complacência ou o recuo elástico, resultando na redução do volume pulmonar efetivo, do calibre das vias aéreas ou da força muscular respiratória (Speiser et al, 2005; Schachter, Peat e Salome, 2003).

A apneia obstrutiva do sono (AOS), caracterizada por episódios de apneia e hipoapneia durante o sono, tem quatro a seis vezes mais probabilidades de se desenvolver em crianças obesas do que em crianças com peso normal (Robinson et al, 2011; Speiser et al, 2005). A AOS em adultos está associada ao desenvolvimento de hipertensão, doenças cardiovasculares, doenças cerebrovasculares e a uma má qualidade de vida. Os episódios de apneia e hipopneia durante o sono causam perturbações agudas e transitórias da pressão arterial, induzindo elevações de 30 mm Hg ou mais na pressão arterial média. A apneia obstrutiva do sono pode contribuir para a hipertensão arterial pulmonar (Robinson et al, 2011; Young, Peppard e Gotlieb, 2002). Além disso, várias morbilidades neurocomportamentais de grande importância para a saúde pública e para a economia estão associadas à AOS, incluindo a sonolência diurna e a função cognitiva prejudicada, que podem, por sua vez, contribuir para acidentes de viação e acidentes de trabalho (Young, Peppard e Gotlieb, 2002). A sonolência diurna, o ressonar e a enurese nocturna podem ser sintomas de AOS nas crianças.

2.4.4. Impacto psicológico

As questões sociais e psicológicas da obesidade infantil são talvez ainda mais intrusivas na vida da criança do que as questões físicas. A infância é uma altura crítica para o desenvolvimento da autoestima, pelo que os problemas psicológicos enfrentados por uma criança com excesso de peso tornam ainda mais urgente a prevenção do problema. As crianças e os adolescentes obesos correm o risco de ter problemas de adaptação psicológica e social, incluindo uma perceção de competências inferior à das amostras normativas nos domínios social, atlético e da aparência, bem como uma autoestima global

(Schwimmer, Burwinkle e Varni, 2003). A diminuição da autoestima nas crianças obesas leva a um aumento das taxas de tristeza, solidão e nervosismo. Além disso, as crianças com estes problemas têm maior probabilidade de fumar e beber álcool (Strauss, 2000). As crianças obesas também são mais susceptíveis de se isolarem socialmente e têm taxas mais elevadas de distúrbios alimentares, como a compulsão alimentar, bem como de ansiedade e depressão (Robinson, et al, 2011; Ludwig, 2007). Desde cedo, as percepções das crianças sobre a obesidade enfatizam a preguiça, o egoísmo, a inteligência inferior, o isolamento social, o mau funcionamento social e o sucesso académico, bem como baixos níveis de perceção de saúde, alimentação saudável e atividade. Assim, as crianças partilham as percepções sociais negativas gerais em relação àqueles que têm excesso de peso ou são obesos (Robinson et al, 2011; Speiser et al, 2005). Isto acontece independentemente do estatuto de peso ou do género da própria criança. As crianças a partir dos 5 anos de idade têm consciência da sua própria gordura, o que tem impacto nas suas percepções de aparência, capacidade atlética, competência social e autoestima (Speiser et al, 2005).

2.4.5. Complicações músculo-esqueléticas

As crianças com excesso de peso e obesas correm um maior risco de complicações ortopédicas do que as crianças com peso normal (Taylor et al, 2006; Robinson, 2011). As crianças com excesso de peso apresentam uma maior prevalência de fracturas (ancas), desconforto músculo-esquelético, mobilidade reduzida e desalinhamento das extremidades inferiores (Taylor et al, 2006). A obesidade infantil também pode predispor a vários problemas ortopédicos específicos, incluindo o deslizamento da epífise femoral capital (SCFE) e a doença de Blount. A epífise femoral capital é uma alteração na relação anatómica da cabeça do fémur com o colo e o fémur devido a uma rutura da placa epifisária. Resulta quando a força da placa de crescimento do fémur aumenta e a cabeça do fémur se separa subitamente com uma fissura na cartilagem epifisária, ou quando a força crónica provoca gradualmente um deslizamento. A maior força é frequentemente causada pelo aumento da massa corporal (Wills, 2004). A doença de Blount é uma doença esquelética que afecta o lado medial da epífise tibial proximal e causa uma deformidade em varo da tíbia, resultando assim na inibição do crescimento da fise. Esta condição de desenvolvimento (inibição do crescimento) é caracterizada por pernas arqueadas e torção da tíbia (Wills, 2004; Robinson, 2011). Uma vez que as crianças com excesso de peso e obesas são mais propensas a ter complicações ortopédicas, incluindo desconforto com a mobilidade, também podem ser menos propensas a praticar atividade física, perpetuando assim a acumulação de excesso de peso. (Taylor et al, 2006; Robinson, 2011).

2.4.6. Complicações gastrointestinais

A doença hepática gorda não alcoólica (NAFLD) está associada à obesidade e à resistência à insulina (Choudhary, 2007; Lyn, 2002; Marchesini, 1999). À medida que a prevalência da obesidade e da resistência à insulina nas crianças tem vindo a aumentar drasticamente, o mesmo acontece com a doença hepática gorda não alcoólica pediátrica, que é agora provavelmente a forma mais comum de doença hepática crónica nas crianças (Fishbein et al, 2003; Manco et al, 2008; Wieckowska e Fedstein, 2005). A NAFLD é caracterizada por uma acumulação anormal de gordura no fígado. É geralmente assintomática e é frequentemente detectada incidentalmente quando a esteatose hepática é documentada em imagiologia abdominal (Roberts, 2005; Choudhary, 2007). Embora a maioria dos casos seja benigna, a doença pode resultar num aumento da fibrose, com a possibilidade de progredir para esteato-hepatite não alcoólica, cirrose e doença hepática terminal (Wieckowska e Fedstein, 2005; Roberts, 2005; Robinson, 2011; Choudhary, 2007; Speiser, 2005). Pode também estar associada a elevações moderadas dos níveis de aminotransferases séricas, triglicéridos e colesterol (Roberts, 2005; Choudhary, 2007). Os níveis de aminotransferase hepática são frequentemente elevados até quatro a cinco vezes, e o nível de fosfatase alcalina é geralmente elevado três vezes (Robinson, 2011).

A obesidade é reconhecida como um fator de risco para o desenvolvimento de cálculos biliares de colesterol em adultos e crianças (Cuevas et al, 2004; Choudhary, 2007; Lugo-Vincente, 1997). A doença dos cálculos biliares de colesterol é uma condição comum nas populações ocidentais (Cuevas et al, 2004). A etiologia da colelitíase do colesterol é considerada multifatorial, com a interação de factores genéticos e ambientais. A maioria dos factores exógenos é uma consequência da ocidentalização das sociedades modernas, incluindo uma elevada ingestão de hidratos de carbono refinados e uma elevada prevalência de obesidade, diabetes não insulino-dependente, aterosclerose e um estilo de vida sedentário (Amigo et al, 1999). Um cálculo biliar é uma massa sólida que se forma na vesícula biliar a partir de colesterol, bilirrubina e sais de cálcio precipitados da bílis. A grande maioria dos cálculos biliares encontrados nos países ocidentais tem o colesterol como componente principal, enquanto um número muito menor é composto principalmente por sais de cálcio, bilirrubina e fosfato (Cuevas et al, 2004). Curiosamente, as anomalias metabólicas do metabolismo do colesterol, a aterosclerose e a colelitíase do colesterol partilham factores de risco metabólicos semelhantes, incluindo a idade, a obesidade, a diabetes não insulino-dependente, as dislipidemias, a hiperinsulinemia e o sedentarismo (Amigo et al, 1999; Cuevas et al, 2004).

CAPÍTULO 3

METODOLOGIA

3.1.   Conceção do estudo

O desenho do estudo utilizado foi descritivo e transversal.

3.2.   Área de estudo

O estudo foi realizado entre julho e setembro de 2013, em três das áreas governamentais locais de Ibadan - Ibadan North LGA, Ibadan South West LGA e Akinyele LGA. Ibadan situa-se no sudoeste da Nigéria, 128 km para o interior a nordeste de Lagos e 530 km a sudoeste de Abuja, a capital federal, e é um importante ponto de trânsito entre a região costeira e as zonas a norte. É a capital do Estado de Oyo e a terceira maior área metropolitana da Nigéria em termos de população, depois de Lagos e Kano, com uma população de 1 338 659 habitantes, segundo o recenseamento de 2006. Ibadan foi o centro da administração da antiga Região Ocidental desde os tempos do domínio colonial britânico, e partes das antigas muralhas protectoras da cidade ainda se mantêm de pé até hoje (Wikipedia, 2013).

3.3.   Assuntos

Os participantes no estudo eram adolescentes em idade escolar, com idades compreendidas entre os 14 e os 19 anos, que frequentam o ensino secundário (SS1 - SS3).

3.4.   Dimensão da amostra

Este valor foi calculado através da fórmula: $n = z^2\ pq/d\ ;^2$

onde:

z = limites de confiança (1,96)

p = prevalência

q= 1- p

d = grau de exatidão pretendido (0,05).

Partindo do princípio de que a prevalência da obesidade infantil era de 50%, a dimensão da amostra foi estimada em 384. No entanto, para ter em conta a não resposta e aumentar a representatividade, chegou-se finalmente a uma dimensão de amostra de 400 para cada administração local. Assim, a dimensão total da amostra para as três autarquias locais foi de 1200.

3.5.   Amostragem

Foi utilizada uma amostragem em várias fases para selecionar os participantes no estudo. Foram efectuadas visitas preliminares a cada escola para obter o consentimento das autoridades escolares. A lista de turmas foi utilizada como base de amostragem. Os inquiridos foram selecionados de cada ramo da turma do último ano do ensino secundário por amostragem aleatória sistemática, utilizando um intervalo de amostragem adequado após o primeiro número ter sido selecionado aleatoriamente. Os alunos recrutados foram então convidados a participar no estudo.

Critérios de inclusão

Adolescentes com idades compreendidas entre os 14 e os 19 anos, na altura do estudo.

Critérios de exclusão

1.   Adolescentes com menos de 14 - 19 anos.

2.   Não autorizado

3.6.   Recolha de dados

O investigador foi o único responsável pelo trabalho de campo do estudo, que envolveu a seleção da amostra e a recolha de dados. Foi utilizado um questionário semi-estruturado, administrado por um entrevistador, para recolher informação sobre dados sociodemográficos, antropometria, padrão e hábitos alimentares e nível de atividade física. O questionário foi adaptado do Inquérito Nacional de Atividade Física e Nutrição dos Jovens 2010, do Questionário de Atividade Física para Adolescentes (PAQ-A) e do Projeto de Atividade Física e Nutrição Escolar (SPAN). O questionário estava dividido em três partes: a parte A era sobre as caraterísticas sociodemográficas dos inquiridos e a prevalência de obesidade; enquanto as secções B e C eram um acompanhamento para aqueles que eram obesos, e envolviam um recordatório alimentar de 24 horas e perguntas sobre hábitos alimentares e atividade física. As medidas antropométricas de peso e altura foram tomadas para determinar o IMC dos inquiridos. A altura foi medida com um estadiómetro, em posição vertical sobre uma superfície plana. O peso foi medido com uma balança digital de casa de banho. Foram recolhidos dados de 22 inquiridos obesos e 22 não obesos para identificar os factores de risco associados à obesidade.

3.7. Indicadores

O IMC foi calculado convertendo a medida da altura para o milésimo de metro mais próximo e o peso foi convertido para o centésimo de quilograma mais próximo. De seguida, o peso em quilogramas foi dividido pela altura em metros ao quadrado (IMC= peso (kg)/altura^2 (m^2)). O IMC foi arredondado para a centésima unidade mais próxima e, em seguida, foi representado nas tabelas de IMC para a idade do CDC para rapazes e raparigas com idades compreendidas entre os 2 e os 20 anos, para determinar o percentil do IMC. O excesso de peso e a obesidade foram definidos utilizando os pontos de corte da OMS para crianças. Os parâmetros da OMS para os parâmetros do IMC para a idade são definidos por desvios-padrão e descrevem o excesso de peso como sendo superior a +1 DP da média (equivalente a IMC=25 kg/m2 aos 19 anos) e a obesidade como +2 DP da média para crianças dos 5 aos 19 anos (equivalente a IMC=30 kg/m2 aos 19 anos) (OMS, 2011). O consumo relatado de frutas e legumes, fast food, refrigerantes e padrão de refeições foram as medidas de comportamento alimentar obtidas na parte B do questionário. A atividade física é medida pelas respostas auto-relatadas às perguntas sobre atividade física na parte C do questionário. Os participantes foram classificados como fisicamente activos se tivessem participado em 60 minutos ou mais de atividade física moderada a vigorosa em 5 ou mais dias da semana anterior. A quantidade de tempo passado a ver televisão e a jogar computador/videojogos serviram como medidas independentes do comportamento sedentário.

3.8. Análise de dados

O IMC para a idade foi calculado utilizando o software WHO Anthroplus. O software Total Dietary Assessment (TDA) foi utilizado para analisar as informações do recordatório alimentar de 24 horas. Os questionários foram ordenados e analisados utilizando o Statistical Package for Social Sciences (SPSS, v. 15). A estatística descritiva, como a média, a frequência, o desvio padrão, a percentagem e a tabulação cruzada, foi utilizada para obter informações básicas sobre a população em estudo. A estatística inferencial foi utilizada para testar a relação entre as variáveis e a prevalência da obesidade. Um valor de P <0,05 foi considerado significativo.

3.9. Garantia de qualidade

A balança digital (EB6101) foi ligada e certificou-se de que lia 0,0 antes de se efetuar qualquer medição. Em seguida, foi calibrada com um peso conhecido para garantir que o peso era medido corretamente. Durante a recolha de dados, a balança foi posicionada numa superfície dura, plana e nivelada para uma medição exacta. Os inquiridos foram medidos com roupas leves (sem objectos nos bolsos) e sem sapatos. O peso foi registado assim que o valor foi obtido. Foram efectuadas três medições e a média foi registada. Para a altura, os inquiridos foram colocados numa superfície dura, plana e nivelada para uma medição exacta. A altura foi medida sem sapatos e sem ganchos para o cabelo. Foi assegurado que a cabeça, as costas, as nádegas e os calcanhares do inquirido tocavam na parede. Foram também efectuadas três medições e a média foi registada. O questionário foi concebido tendo em conta os objectivos do estudo e os resultados pretendidos e, em seguida, foi elaborada uma lista de perguntas para obter com precisão as informações necessárias. Foi dada uma atenção especial a vários factores, incluindo os tipos de perguntas a fazer, a redação do questionário, a estrutura e a conceção do questionário, e o teste do questionário para garantir a qualidade dos dados recolhidos.

3.10. Considerações éticas

Foi pedida aprovação ética ao comité de análise institucional da UI/UCH. Foi obtida a autorização do diretor de cada escola para a realização do estudo e foi obtido um consentimento informado por escrito dos participantes no estudo. Foi garantida a participação voluntária e a retirada do estudo em qualquer altura, sem repercussões. Todos os dados/informações dos questionários preenchidos foram mantidos confidenciais

Confidencialidade dos dados

Será assegurada aos participantes uma confidencialidade rigorosa relativamente a todas as informações que lhes forem fornecidas. Os assistentes de investigação obterão os dados de forma discreta e todos os dados recolhidos serão tratados com o máximo cuidado. A todas as informações recolhidas neste estudo serão atribuídos números de código. Todos os dados recolhidos serão cuidadosamente guardados apenas pelo investigador principal até à sua utilização.

Tradução do questionário para a língua local O questionário e o formulário de consentimento e assentimento não serão traduzidos para nenhuma língua local, uma vez que se parte do princípio de que os participantes são fluentes em inglês. A presente proposta inclui um protótipo do questionário.

Benefício para os participantes

O objetivo desta investigação é sensibilizar para a tendência crescente da obesidade infantil no nosso meio e aumentar o conjunto de dados.

Não maleficência para os participantes

Este estudo não trará qualquer prejuízo para os participantes. A sua identidade será cuidadosamente protegida.

Voluntariedade

Os participantes serão informados da sua participação voluntária e do direito de se retirarem do estudo em qualquer altura. Os direitos dos participantes a participar neste estudo, sem qualquer forma de compulsão ou coação, serão assegurados, dando a todos os participantes o formulário de consentimento e as suas assinaturas anexas servirão como consentimento verdadeiro. Será garantida e explicada a retirada do estudo sem qualquer implicação para os participantes.

CAPÍTULO 4

RESULTADOS

4.1.   Caraterísticas socioeconómicas e socioedemográficas dos inquiridos

Um total de 1205 estudantes do ensino secundário participaram neste estudo transversal. Cerca de 654 (54,3%) dos alunos eram do sexo masculino e 551 (45,7%) do sexo feminino. A média de idade, peso e altura dos alunos foi de 15,47±1,34 anos, 49,21±9,75kg e 1,87±6,14m.

Tabela 4.1. Caraterísticas sociodemográficas dos inquiridos

Variable	Frequency	Percentage(%)
Age Group		
14 - 16	924	76.7
17 -19	281	23.3
Gender		
Male	654	54.3
Female	551	45.7
Ethnicity		
Yoruba	765	63.5
Igbo	255	18.7
Hausa	63	5.2
Edo	108	9.0
Others	44	3.7
Religion		
Christianity	862	71.5
Islam	340	28.2
Traditional	2	0.2
Family Setting		
Monogamous	966	80.2
Polygamous	230	19.1
Type of School		
Public	755	62.7
Private	450	37.3
Class		
SS1	609	50.7
SS2	565	47.0
SS3	27	2.2
Primary Energy Source		
No electricity	9	0.7
Generator	194	16.1
PHCN	914	75.7
Solar energy	79	6.6
Type of Toilet Facility		
Bush	46	3.8
Pit latrine	283	23.6
Water system	814	67.9
River	55	4.6

Todos os inquiridos estavam divididos em dois grupos etários: 924 (76,7%) tinham entre 14 e 16 anos, enquanto 281 (23,3%) tinham idades compreendidas entre os 14 e os 16 anos. Relativamente à etnia, 765 (63,5%) eram Yoruba, 225 (18,7%) eram Igbo, 63 (5,2%) eram Hausa, 108 (9,0%) eram Edo, enquanto 44 (3,7%) eram de outros grupos étnicos como Efik, etc. No que diz respeito ao contexto familiar dos inquiridos, 966 (80,2%) pertenciam a famílias monogâmicas e 230 (19,1%) a famílias poligâmicas. Cerca de 862 (71,5%) dos inquiridos eram cristãos, 340 (28,2%) eram muçulmanos e 2 (0,7%) eram adeptos da religião tradicional. Relativamente ao tipo de escola frequentada: 755 (62,7%) eram de escolas públicas e 450 (37,3%) eram de escolas privadas.

Tabela 4.2. Situação educacional e profissional dos pais

Variable	Frequency	Percentage (%)
Father's Level of Education		
Primary	89	7.4
Secondary	279	23.2
Tertiary	759	63.0
No education	76	6.3
Father's Occupation		
Unskilled	642	53.3
Skilled	562	46.6
Mother's Level of Education		
Primary	175	14.5
Secondary	352	29.2
Tertiary	577	47.9
No education	100	8.3
Mother's Occupation		
Unskilled	761	63.2
Skilled	443	36.8

O nível de escolaridade dos pais foi classificado como primário, secundário e terciário (universidade, politécnico e faculdade de educação), e sem educação. No caso dos pais, 89 (7,4%) tinham o ensino primário, 279 (23,2%) o ensino secundário, 759 (63,0%) o ensino superior e 76 (6,3%) não tinham qualquer escolaridade. Relativamente às mães, 175 (14,5%) tinham o ensino primário, 352 (29,2%) tinham o ensino secundário, 577 (47,9%) tinham o ensino superior e 100 (8,3%) não tinham qualquer escolaridade. A profissão dos pais foi classificada como qualificada e não qualificada. Para os pais, 642 (53,3%) eram não qualificados e 562 (46,6%) eram qualificados. No caso das mães, 761 (63,2%) não tinham qualificações e 443 (36,8%) tinham qualificações.

4.2. Prevalência da obesidade

A prevalência de excesso de peso e obesidade neste estudo foi de 93 (7,7%) e 12 (1,0%). A prevalência de excesso de peso e obesidade foi maior nas raparigas do que nos rapazes - excesso de

peso (rapazes: 47(7,2%); raparigas: 46(8,4%)), e obesidade (rapazes: 4 (0,6%); raparigas: 8(1,5%)).
Além disso, a prevalência de sobrepeso e obesidade foi maior nos alunos das escolas particulares do
que nas públicas. Cerca de 9 (75%) das crianças obesas eram de escolas privadas, enquanto 3 (25%)
eram de escolas públicas. Relativamente ao excesso de peso, 51 (54,8%) eram de escolas privadas,
enquanto 42 (45,2%) eram de escolas públicas. Todas as crianças obesas tinham idades
compreendidas entre os 14 e os 16 anos. Cerca de 11 (91,7%) das crianças obesas eram yoruba,
enquanto 1 (8,3%) era Igbo. A prevalência da obesidade era mais elevada nos cristãos do que nos
muçulmanos e nos adeptos da religião tradicional (cristãos: 11 (91,7%); muçulmanos: 1 (8,3%);
religião tradicional: 0 (0,0%). Mais de 50% dos pais das crianças com excesso de peso e obesas eram
trabalhadores não qualificados (excesso de peso: não qualificados - 50 (53,8%), qualificados - 43
(46,2%); obesos: não qualificados - 7 (58,3%), qualificados - 5 (41,7%)). Além disso, mais de 50%
das mães das crianças com excesso de peso e obesas eram trabalhadoras não qualificadas (excesso de
peso: não qualificadas - 62 (66,7%), qualificadas - 31 (33,3%); obesas: não qualificadas - 9 (75%),
qualificadas - 3 (25%)).

Tabela 4.3. Antropometria nutricional dos adolescentes

Nutritional Status	N	%
Underweight	98	8.2
Normal Weight	996	83.1
Overweight	93	7.8
Obese	12	1.0
Total	1199	100

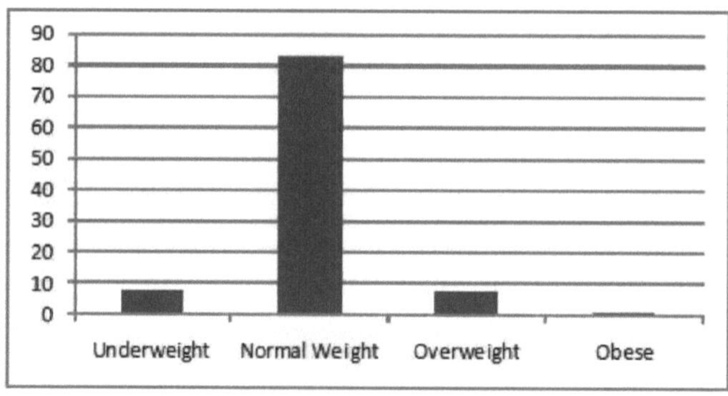

Figura 4.1. Antropometria nutricional das crianças.

Tabela 4.4. Antropometria nutricional dos rapazes

Nutritional Status	N	%
Underweight	71	10.9
Normal weight	527	81.2
Overweight	47	7.2
Obese	4	0.6
Total	649	100

Tabela 4.5. Estado nutricional das raparigas

Nutritional Status	N	%
Underweight	27	4.9
Normal weight	469	85.3
Overweight	46	8.4
Obese	8	1.5
Total	550	100

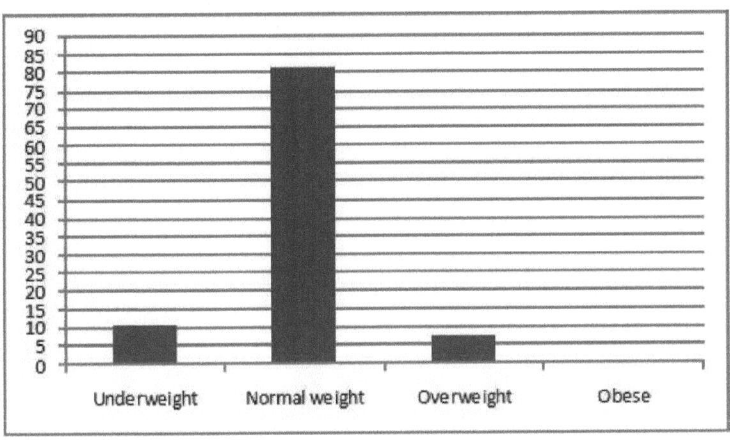

Figura 4.2. Antropometria nutricional dos rapazes.

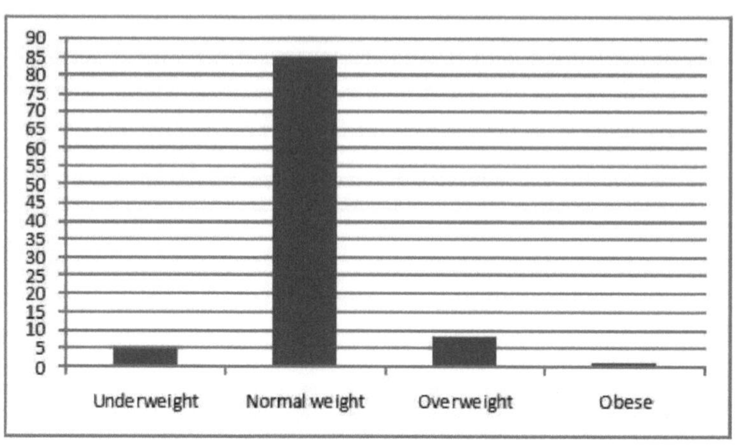

Figura 4.3. Antropometria nutricional das raparigas.

Tabela 4.6. Prevalência da obesidade em relação aos factores sociodemográficos

Variable	Overweight		Obese	
	N	%	N	%
Type of School				
Public	42	45.2	3	25.0
Private	51	54.8	9	75.0
Age				
14 - 16	86	92.5	12	100.0
17 - 19	7	7.5	0	0
Gender				
Male	47	50.5	4	33.3
Female	46	49.5	8	66.7
Ethnicity				
Yoruba	60	64.5	11	91.7
Igbo	19	20.4	1	8.3
Hausa	1	1.1	0	0
Edo	9	9.7	0	0
Others	4	4.3	0	0
Religion				
Christianity	74	79.6	11	91.7
Islam	19	20.4	1	8.3
Traditional	0	0	0	0

Variable	Overweight		Obese	
	N	%	N	%
Class				
SS1	50	53.8	7	58.3
SS2	40	43.0	5	41.7
SS3	3	3.2	0	0
Family Setting				
Monogamous	78	83.9	10	83.3
Polygamous	14	15.1	2	16.7
Fathers's Educational Status				
Primary	5	5.4	0	0
Secondary	16	17.2	3	25.0
Tertiary	69	74.2	9	75.0
No education	3	3.2	0	0
Mother's Educational Status				
Primary	10	10.8	0	0
Secondary	21	22.6	4	33.3
Tertiary	58	62.4	8	66.7
No education	4	4.3	0	0
Father's Occupation				
Unskilled	50	53.8	7	58.3
Skilled	43	46.2	5	41.2
Mother's Occupation				
Unskilled	62	66.7	9	75.0
Skilled	31	33.3	3	25.0
Primary Source of Energy				
No electricity	0	0	0	0
Generator	17	18.3	0	0
PHCN	74	79.6	8	72.7
Solar energy	2	2.2	3	27.3
Type of Toilet Facility				
Bush	0	0	0	0
Pit latrine	11	11.8	0	0
Water system	79	84.9	11	91.7
River	3	3.2	1	8.3

A categoria de idade, a religião, o tipo de escola, o nível de escolaridade do pai e o tipo de casa de banho foram associados ao excesso de peso e à obesidade na análise de tabelas cruzadas. Mas com a regressão logística, as crianças na categoria de idade 14 - 16 anos tinham cerca de cinco vezes mais probabilidades de ter excesso de peso e obesidade do que as da categoria de idade 17 - 19 anos (OR= 4,569; 95%CI=2,096- 9,964). Além disso, as crianças das escolas particulares apresentaram maior probabilidade de sobrepeso e obesidade do que as das escolas públicas (OR= 0,474; IC95%= 0,303-0,741).

Tabela 4.7. Regressão logística dos factores determinantes do excesso de peso e da obesidade

	B	S.E.	Wald	df	Sig.	Exp(B)	95%CI for EXP(B) Lower	Upper
Age Category	1.519	.398	14.593	1	.000	4.569	2.096	9.964
Religion			4.222	2	.121			
Christianity	19.202	28.402.200	.000	1	.999	218350750.801	.000	
Islam	18.670	28.402.200	.000	1	.999	128284298.306	.000	
Constant	-22.722	28.402.200	.000	1	.999	.000		
Type of school	-.746	.228	10.714	1	.001	.474	.303	.741
Father's educational status			.481	3	.923			
Primary	.208	.763	.074	1	.786	1.231	.276	5.489
Secondary	-.053	.661	.006	1	.936	.948	.260	3.465
Tertiary	-.141	.644	.048	1	.827	.869	.246	3.072
Type of toilet			7.967	3	.047			
Pit latrine					.997		.000	
Water system	-18.878	5947.004	.000	1	.165	.000	.126	
River	-.858	.619	1.926	1	.755	.424	.407	1.425
Constant	.170	.546	0.97	1	.027	1.186		3.458
	-1.790	.810	4.881	1		.167		

4.3 Determinantes da obesidade

Foi realizado um estudo de acompanhamento em 22 crianças obesas e 22 não obesas, para identificar os determinantes (factores associados) responsáveis pela obesidade na área de estudo.

4.3.1 Ingestão alimentar

A ingestão de energia das crianças obesas e não obesas é apresentada na tabela 4.7.

Tabela 4.8. Consumo alimentar dos obesos e dos não obesos

	Obese		Non-Obese	
	Mean	SD	Mean	SD
Energy (kcal)	2685.84	508.53	2123.71	742.56
Protein (kcal)	110.15	29.66	70.09	42.99
Carbohydrates (kcal)	339.78	76.91	267.03	130.56
Fats (kcal)	108.89	39.7	81.87	63.17

As crianças obesas consumiam mais energia dietética, proteínas, hidratos de carbono e gorduras do que as crianças com peso normal. As proteínas e as gorduras contribuíram significativamente mais, enquanto os hidratos de carbono contribuíram significativamente menos, para a ingestão de energia alimentar entre as crianças obesas.

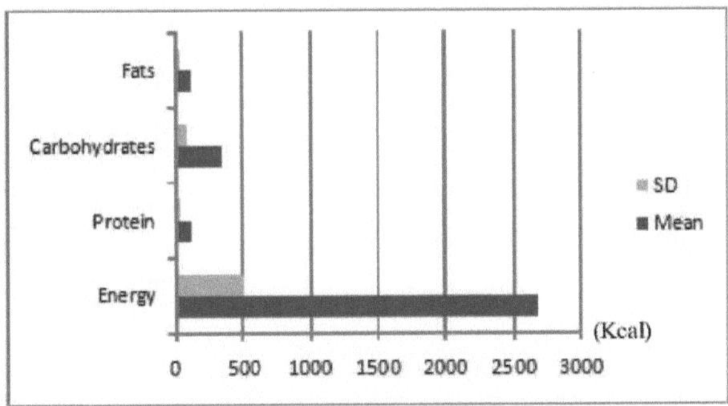

Figura 4.4. Consumo alimentar dos obesos

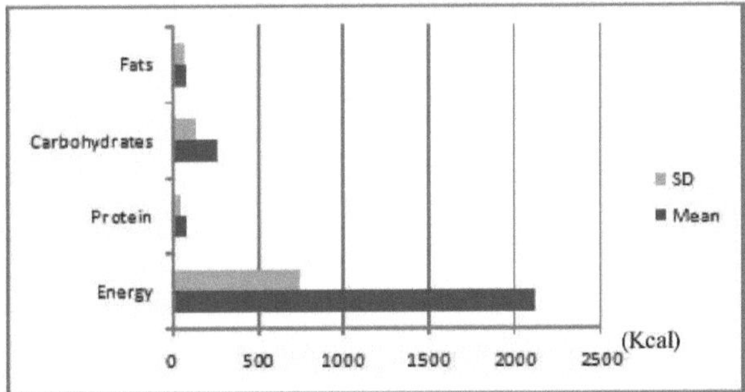

Figura 4.5. Consumo alimentar dos não-obesos

4.3.2   Hábitos alimentares

A frequência do consumo de frutas e legumes, fast food e bebidas gaseificadas (refrigerantes), bem como os dados sobre a omissão do pequeno-almoço são apresentados nos quadros seguintes

Tabela 4.9. Consumo de frutas e verduras nos últimos sete dias entre crianças obesas e não obesas

	Obese		Non-Obese	
	Frequency	Percentage (%)	Frequency	Percentage (%)
Did not eat	6	27.3	0	0
1 - 3 times/week	10	45.5	13	59.1
4 - 6 times/week	2	9.1	4	18.2
Once/day	4	18.2	5	22.7

O consumo de frutas e legumes foi menor nas crianças obesas, com 27,3% delas indicando que não consumiram frutas e legumes nos últimos sete dias. Cerca de 59,1% das crianças normais consumiam frutas e legumes pelo menos 1 a 3 vezes por semana, em comparação com 45,5% das crianças normais.

Tabela 4.10. Consumo de fast food nos últimos sete dias entre as crianças obesas e não obesas

	Obese		Non-Obese	
	Frequency	Percentage (%)	Frequency	Percentage (%)
Did not eat	7	31.8	12	54.5
1 - 3 times/week	2	9.1	6	27.3
4 - 6 times/week	7	31.8	1	4.5
Once/day	5	22.7	3	13.6
Twice/day	1	4.5	0	0

O consumo de fast food (torta de carne, salsicha, rosquinha) foi maior nas crianças obesas, com cerca de 22,7% e 4,5% relatando o consumo de fast food uma e duas vezes por dia, respetivamente. Um maior número de crianças normais (54,5%) referiu não consumir fast food, em comparação com 31,8% das crianças obesas.

Tabela 4.11. Consumo de bebidas carbonatadas nos últimos sete dias entre as crianças obesas e não obesas

	Obese		Non-Obese	
	Frequency	Percentage (%)	Frequency	Percentage (%)
Did not eat	1	4.8	8	38.1
1 - 3 times/week	2	9.5	7	33.3
4 - 6 times/week	1	4.8	2	9.5
Once/day	8	38.1	2	9.5
Twice/day	8	38.1	1	4.8
Thrice/day	1	4.8	0	0
Four or more times/day	0	0	1	4.8

As crianças obesas consumiram mais bebidas gaseificadas diariamente do que as crianças com peso normal (38,1%, 38,1% & 4,8 - uma, duas e três vezes por dia, respetivamente). No entanto, uma das crianças com peso normal admitiu consumir bebidas gaseificadas quatro ou mais vezes por dia. Cerca de 38,1% das crianças normais não consumiram bebidas gaseificadas durante a última semana, ao contrário de 4,8% das crianças obesas.

Tabela 4.12. Consumo de pequeno-almoço durante a última semana entre as crianças obesas e não obesas

	Obese		Non-Obese	
	Frequency	Percentage (%)	Frequency	Percentage (%)
1 day	0	0	2	9.1
2 days	5	22.7	1	4.5
3 days	3	13.6	0	0
4 days	6	27.3	1	4.5
5 days	2	9.1	1	4.5
6 days	2	9.1	1	4.5
7 days	4	18.2	16	72.7

Cerca de 72,7% das crianças normais tomaram o pequeno-almoço 7 vezes na última semana, em comparação com 18,2% das crianças obesas. Mais crianças obesas tomaram o pequeno-almoço 2 a 6 vezes na última semana do que as crianças normais.

Tabela 4.13. Consumo de jantar enquanto vê televisão na última semana entre as crianças obesas e não obesas

	Obese		Non-Obese	
	Frequency	Percentage (%)	Frequency	Percentage (%)
Never	1	4.5	4	18.2
Rarely	2	9.1	6	27.3
Sometimes	5	22.7	7	31.8
Most times	3	13.6	3	13.6
Always	8	36.4	1	4.5
Did not eat dinner	3	13.6	1	4.5

Mais crianças obesas (36,4%) jantaram com a televisão ligada, em comparação com 4,5% das crianças normais. Além disso, mais crianças normais (18,2%) jantaram com a televisão desligada, em comparação com 4,5% das crianças obesas. Cerca de 13,6% das crianças obesas não jantaram em casa nos últimos sete dias, contra 4,5% das crianças normais.

Tabela 4.14. Consumo de jantar com pelo menos um dos pais na última semana entre as crianças obesas e normais

	Obese		Non-Obese	
	Frequency	Percentage (%)	Frequency	Percentage (%)
2 days	0	0	3	13.6
3 days	2	9.1	3	13.6
4 days	3	13.6	0	0
5 days	3	13.6	2	9.1
6 days	4	18.2	1	4.5
7 days	10	45.5	13	59.1

Relativamente ao número de dias na última semana em que as crianças jantaram na presença de pelo menos um dos pais/encarregados de educação, 59,1% das crianças normais jantaram com um dos pais presentes (crianças obesas: 45,5%) durante 7 dias. Surpreendentemente, mais crianças obesas jantaram com um dos pais durante 4 a 6 dias na última semana.

Tabela 4.15.   Disponibilidade de frutas e legumes como lanche

	Obese		Non-Obese	
	Frequency	Percentage (%)	Frequency	Percentage (%)
Never	1	4.5	1	4.5
Rarely	3	13.6	2	9.1
Sometimes	11	50	11	50
Most times	3	13.6	6	27.3
Always	3	13.6	1	4.5

Ao contrário do que se esperava, um maior número de crianças obesas (13,6%) indicou que as frutas e os legumes estavam sempre disponíveis para o lanche, em comparação com 4,5% das crianças normais. Além disso, um número igual de crianças obesas e normais indicou que as frutas e os legumes estão disponíveis às vezes e nunca.

Tabela 4.16.   Disponibilidade de produtos de pastelaria (biscoitos, bolos e bolachas) como lanche

	Obese		Non-Obese	
	Frequency	Percentage (%)	Frequency	Percentage (%)
Never	3	13.6	8	36.4
Rarely	1	4.5	4	18.2
Sometimes	4	18.2	4	18.2
Most times	1	4.5	5	22.7
Always	13	59.1	1	4.5

Cerca de 59,1% das crianças obesas indicaram que os produtos de pastelaria estavam sempre disponíveis para o lanche, em comparação com 4,5% das crianças normais. Um maior número de crianças normais (36,4%) indicou que os produtos de pastelaria nunca estavam disponíveis para o lanche, em comparação com 13,6% das crianças obesas. Além disso, mais crianças normais indicaram que os bolos estavam disponíveis raramente e na maioria das vezes.

4.3.3. Atividade física

Tabela 4.17. Padrão de atividade física das crianças obesas e não obesas

Activity	Obese		Non-Obese	
	Frequency	Percentage (%)	Frequency	Percentage (%)
Football				
No	16	76.2	9	40.9
1 - 2 times	2	9.5	4	18.2
3 - 4 times	2	9.5	2	9.1
5-6 times	1	4.8	4	18.2
7 or more times	0	0	3	13.6
Walking				
No	5	23.8	1	4.5
1 - 2 times	9	42.9	1	4.5
3 - 4 times	5	23.8	7	31.8
5-6 times	2	9.1	6	27.3
7 or more times	0	0	7	31.8
Jogging & Running				
No	17	77.3	4	18.2
1 - 2 times	2	9.1	9	40.9
3 - 4 times	2	9.1	1	4.5
5-6 times	0	0	3	13.6
7 or more times	0	0	5	22.7
Swimming				
No	17	77.3	15	68.2
1 - 2 times	3	13.6	3	13.6
3 - 4 times	1	4.5	2	9.1
5-6 times	0	0	0	0
7 or more times	0	0	2	9.1
Bicycling				
No	14	66.7	12	54.5
1 - 2 times	5	23.8	2	9.1
3 - 4 times	2	9.5	6	27.3
5-6 times	0	0	2	9.1
7 or more times	0	0	0	0
Skipping				
No	11	50.0	13	59.1
1 - 2 times	6	27.3	2	9.1
3 - 4 times	2	9.1	2	9.1
5-6 times	0	0	2	9.1
7 or more times	1	4.5	3	13.6
Volleyball				
No	20	90.9	15	68.2
1 - 2 times	10	4.5	6	27.3
3 - 4 times	0	0	0	0
5-6 times	0	0	1	4.5
7 or more times	0	0	0	0
Aerobics				
No	22	100	18	81.8

Activity	Obese		Non-Obese	
	Frequency	Percentage (%)	Frequency	Percentage (%)
1 - 2 times	0	0	2	9.1
3 - 4 times	0	0	1	4.5
5-6 times	0	0	0	0
7 or more times	0	0	1	4.5

Mais de 70% das crianças obesas não praticaram qualquer atividade física na última semana (futebol: 76,2%; jogging & running: 77,3%; natação: 77,3%), com exceção do voleibol e da aeróbica que registaram 90,9% e 100%, respetivamente. Nas crianças normais, mais de 40% não praticaram qualquer atividade física na última semana (futebol: 40,9%; natação: 68,2%; bicicleta: 54,5%; pular: 59,1%; voleibol: 68,2%; aeróbica: 81,8%), com exceção da caminhada e do jogging e corrida, que registaram 4,5% e 18,2%, respetivamente. A maioria das crianças obesas participou em actividades físicas 1-2 vezes e 3-4 vezes na última semana, com exceção do futebol e da caminhada (5-6 vezes: 4,8% 9,1%). Enquanto a maioria das crianças normais praticava actividades físicas 7 ou mais vezes na última semana.

Tabela 4.18. Duração da atividade física entre as crianças obesas e não obesas

Durations (mins.)	Obese		Non-Obese	
	Frequency	Percentage (%)	Frequency	Percentage (%)
0	2	9.1	2	9.1
10	1	4.5	4	18.2
10 - 20	6	27.3	7	31.8
21 - 30	5	22.7	4	18.2
31 - 40	2	9.1	4	18.2
41 - 50	1	4.5	0	0
51 - 60	4	18.2	1	4.5
> 60	1	4.5	0	0

Cerca de 9,1% das crianças obesas e normais passaram 0 minutos por dia em atividade física. Surpreendentemente, 4,5% e 18,2% das crianças obesas praticavam actividades físicas durante mais de 60 minutos e 51 - 60 minutos, respetivamente, em comparação com 0% e 4,5% das crianças normais. A maioria das crianças de ambos os grupos era ativa durante cerca de 10 a 20 minutos por dia.

	Obese		Non-Obese	
	Frequency	Percentage (%)	Frequency	Percentage (%)
Television				
Not watch TV	0	0	2	9.1
1 hr	0	0	6	27.3
2 hrs	5	22.7	7	31.8
3 hrs	6	27.3	6	27.3
4 hrs	7	31.8	0	0
5 hrs	3	13.6	0	0
> 6 hrs	1	4.5	0	0
Internet				
Don't use the computer	4	18.2	10	45.5
1 hr	1	4.5	6	27.3
2 hrs	8	36.4	4	18.2
3 hrs	3	13.6	2	9.1
4 hrs	3	13.6	0	0
5 hrs	3	13.6	0	0
> 6 hrs	0	0	0	0
Video Games				
Don't play video games	12	54.5	17	77.3
1 hr	2	9.1	2	9.1
2 hrs	5	22.7	3	13.6
3 hrs	1	4.5	0	0
4 hrs	1	4.5	0	0
5 hrs	1	4.5	0	0
> 6 hrs	0	0	0	0

As crianças obesas passam mais tempo em actividades sedentárias, como ver televisão, utilizar o computador (navegar na Internet) e jogar jogos de vídeo. Cerca de 13,6%, 13,6% e 4,5% das crianças obesas passam cerca de cinco horas por dia a ver televisão, a navegar na Internet e a jogar jogos de vídeo, respetivamente. Apenas cerca de 4,5% das crianças obesas indicaram passar mais de seis horas por dia a ver televisão. Cerca de 40% das crianças normais indicaram não praticar actividades sedentárias, com exceção do visionamento de televisão (9,1%). A maioria das crianças normais despende um máximo de três horas por dia em actividades sedentárias, com exceção do jogo de vídeo que regista um máximo de duas horas.

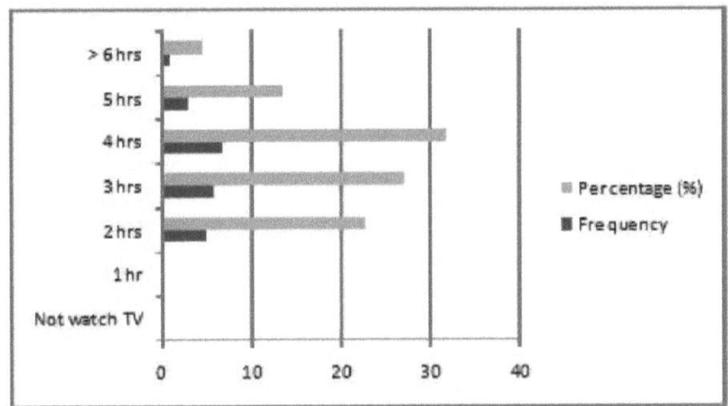

Figura 4.6. Duração do visionamento de televisão pelos obesos

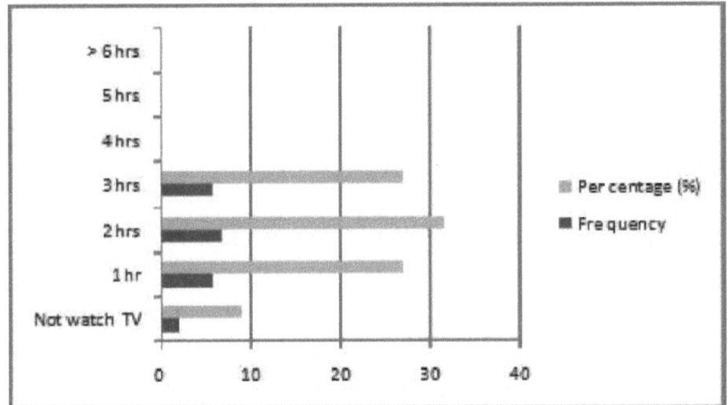

Figura 4.7. Duração do visionamento de televisão pelos não obesos

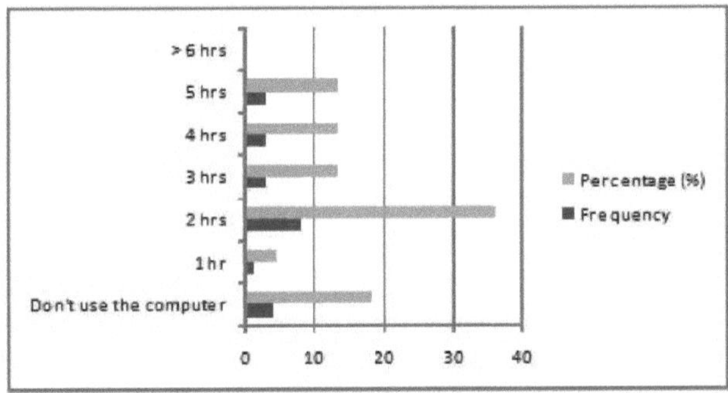

Figura 4.8. Duração da utilização da Internet pelas pessoas obesas

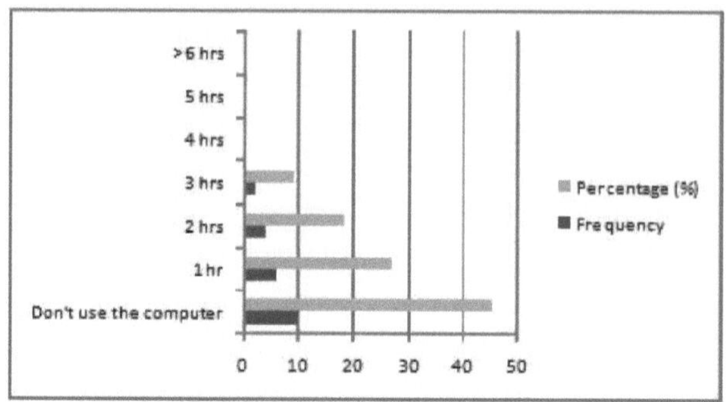

Figura 4.9. Duração da utilização da Internet pelas pessoas não obesas

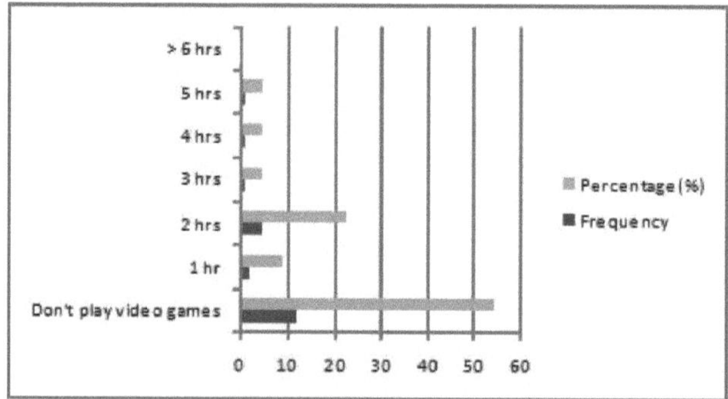

Figura 4.10. Duração da utilização de jogos de vídeo pelos obesos

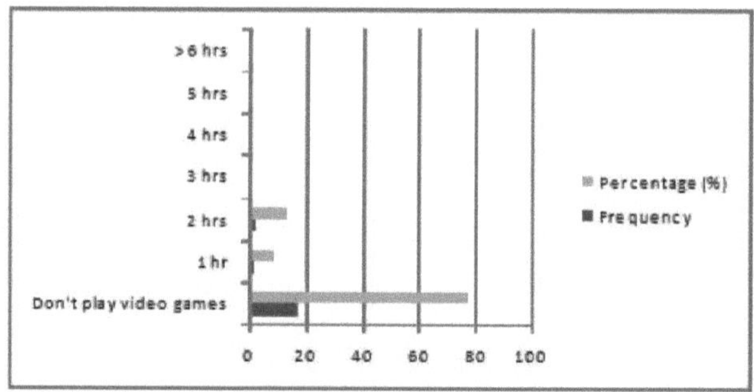

Figura 4.11. Duração da utilização de jogos de vídeo por pessoas não obesas

54

CAPÍTULO 5

DISCUSSÃO, CONCLUSÃO E RECOMENDAÇÃO

5.1. Discussão

A prevalência de baixo peso, tal como observada neste estudo, foi elevada (8,2%). Houve uma prevalência mais elevada nos rapazes (10,9%) do que nas raparigas (4,9%). Isto é uma indicação do facto de que a malnutrição (subnutrição) é o problema neste ambiente. Como parte dos esforços para evitar um aumento da prevalência da obesidade, deve haver um maior empenhamento em travar o crescimento da subnutrição no nosso meio. O valor da prevalência de baixo peso neste estudo foi inferior ao de alguns estudos anteriores efectuados na Nigéria. Goon et al (2011), num estudo sobre raparigas adolescentes, registou um valor de 9,9%. Senbanjo e Oshikoya (2010) registaram um valor de 28,6%. Por seu lado, Adegoke et al (2009) registaram um valor muito elevado de 77,8%. O valor da prevalência de baixo peso neste estudo também foi inferior ao obtido num estudo sobre crianças em idade escolar na Índia por Jahnavi et al (2011). No entanto, o valor foi mais elevado do que o obtido por Adesina, Peterside, Anochie e Akani (2012), que registou um valor de 6,4%

A prevalência de excesso de peso neste estudo foi de 7,7% (homens: 7,2%; mulheres: 8,4%). O valor obtido neste estudo é comparável ao obtido num estudo realizado em Tarka, no Estado de Benue, por Goon et al (2011). Mas o estudo realizado por Goon et al (2011) foi realizado apenas em raparigas. O valor para o excesso de peso neste estudo foi inferior ao obtido em estudos anteriores efectuados na Nigéria. Musa et al (2012), num estudo com 3240 crianças, encontraram uma prevalência de 9,7%. Ene-Obong et al (2012) e Oduwole et al (2012) encontraram valores muito elevados de 11,4% e 13,8%, respetivamente. Por outro lado, o valor obtido neste estudo foi mais elevado do que o obtido noutras partes da Nigéria. No Estado de Sokoto, Ahmad, Ahmed e Airede (2013) encontraram uma prevalência de 3,3%.Yusuf et al (2013), num estudo no Estado de Kano, encontraram uma prevalência muito baixa de excesso de peso de 1,98%. Em Port Harcourt, Adesina, Peterside, Anochie e Akani (2012) registaram um valor de 6,3%. Isto pode dever-se à dimensão muito reduzida da amostra utilizada nos dois estudos (Yusuf et al (2013) e Ahmad, Ahmed e Airede (2013)), e à prevalência de subnutrição na parte norte da Nigéria. O excesso de peso na infância aumenta significativamente a morbilidade e a mortalidade futuras na idade adulta (Vos e Welsh, 2012; Lobstein, 2010; Antwi et al, 2012; OMS, 2012). Considerando o aumento projetado da prevalência da obesidade infantil em África até 2020, ou seja, de 8,5% em 2010 para 12,7% em 2020 - um aumento relativo de 49% (de Onis et al, 2010), deve haver um esforço concertado para evitar um aumento da prevalência da obesidade infantil na Nigéria. Mais ainda, tendo em conta as más práticas alimentares e os estilos de vida sedentários da maioria dos adolescentes (Ojofeitimi et al, 2011).

Este estudo encontrou uma baixa prevalência (1,0%) de obesidade entre os adolescentes que frequentam a escola, utilizando os pontos de corte do IMC da OMS para a idade. O valor obtido neste estudo é inferior ao de estudos anteriores efectuados em adolescentes nigerianos. Musa et al (2012) registaram um valor de 1,8% no Estado de Benue. Adesina, Peterside, Anochie e Akani (2012) também registaram um valor semelhante em Port Harcourt. Além disso, no Estado de Benue, Goon, Toriola, Shaw (2009) relataram que a prevalência da obesidade era de 1,6% e 2,8% em rapazes e raparigas, respetivamente, utilizando os pontos de corte do CDC. Ansa, Odigwe e Anah (2001), num estudo realizado em Calabar, no Estado de Cross Rivers, registaram valores de 2,3% no grupo etário dos 6-12 anos, 4,0% no grupo etário dos 13-15 anos e 3,0% no grupo etário dos 16-18 anos. Oduwole et al (2012) registaram uma prevalência de 9,4% num estudo transversal em Lagos. Por outro lado, a prevalência de obesidade relatada neste estudo foi maior do que a obtida em alguns estudos anteriores realizados na Nigéria. Adegoke et al (2012) relataram um valor de 0,3% em Ile-Ife, Estado de Osun. Ben-Bassey, Oduwole e Ogundipe (2007) num estudo transversal na área do governo local de Eti-Osa do Estado de Lagos, relataram valores de 0,4% e 0,0% nas áreas urbanas e rurais.

No entanto, fora da Nigéria, a prevalência da obesidade era maior. Num estudo sobre crianças sudanesas, Nagwa et al (2011) registaram 10,8% e 9% para a prevalência de excesso de peso e obesidade. Na África do Sul, Mamabolo et al (2005), registaram a prevalência de excesso de peso e obesidade em 22% e 24%, respetivamente. Wang (2001) referiu que a prevalência da obesidade nos EUA, na Rússia e na China era de 11,1%, 6% e 3,6%, respetivamente. Novotny, Oshiro e Wilkens (2013) relataram um valor de 19,7% entre uma população multiétnica no Havai. No México, uma pesquisa de saúde do governo relatou que a prevalência de obesidade em jovens de 15 anos era de 10% (Harvard School of Public Health, 2012). Em Espanha, a prevalência da obesidade era de 10,3% (Pizarro e Royo-Bondonada, 2012). Em Abu Dhabi, Emirados Árabes Unidos, Al Junaibi et al (2013) relataram um valor de 18,9%. A variação na prevalência observada neste estudo com a da Nigéria e de outras partes do mundo pode ser devida a diferenças no tamanho da amostra.

Neste estudo, a prevalência de excesso de peso e obesidade foi maior nas raparigas do que nos rapazes. Musa et al (2012) relataram uma maior prevalência de excesso de peso nas raparigas, mas uma maior prevalência de obesidade nos rapazes. Isto foi semelhante aos resultados de um estudo efectuado por Toriola et al (2012) na África do Sul. Ene-Obong et al (2012) e Okpara, Ikpeme e Ekanem (2010), por outro lado, relataram uma maior prevalência de obesidade nas raparigas. Goon, Toriola e Shaw (2010) relataram uma maior prevalência de excesso de peso e obesidade nas raparigas. No entanto, um estudo de Chhatwal, Verma e Riar (2004) realizado em crianças em idade escolar com idades entre 9 e 15 anos na Índia, relatou uma maior prevalência de sobrepeso e obesidade em meninos. A prevalência mais elevada de excesso de peso e de obesidade nas raparigas do que nos rapazes, referida neste estudo, pode dever-se ao facto de as raparigas serem menos propensas a praticar actividades físicas.

A prevalência de excesso de peso e obesidade observada neste estudo foi maior nas escolas privadas do que nas públicas. Ojofeitimi et al (2011) encontraram uma maior prevalência de excesso de peso e obesidade em crianças de escolas privadas. Mas este estudo foi realizado com um tamanho de amostra mais pequeno e apenas com raparigas. Um estudo realizado em Uyo, no Estado de Akwa Ibom, por Opara, Ikpeme e Ekanem (2010) encontrou uma maior prevalência de obesidade nas escolas privadas. A maior prevalência de excesso de peso e obesidade nas escolas privadas pode dever-se à melhor situação económica das crianças, à maior probabilidade de terem dietas ocidentais e junk foods do que os seus homólogos das escolas públicas, e aos estilos de vida altamente sedentários das crianças (Ojofeitimi et al, 2011).

Neste estudo, verificou-se que a categoria de idade, a religião, o tipo de escola, o nível de escolaridade do pai e o tipo de casa de banho estavam significativamente associados à incidência de excesso de peso e obesidade. Mas na análise de regressão, apenas a categoria de idade (14 - 16 anos) e o tipo de escola (privada) permaneceram significativamente associados ao excesso de peso e à obesidade. Num estudo semelhante realizado em crianças portuguesas por Padez et al (2005), o nível de escolaridade do pai (de preferência um diploma universitário) protegia contra o excesso de peso (OR 0,92, 95% CI 0,86-0,97) e a obesidade (OR 0,42, 95% CI 0,39-0,44). Em Espanha, um estudo concluiu que a prevalência da obesidade era mais elevada nas crianças cujos pais (especialmente a mãe) tinham um baixo nível de escolaridade (Serra-Majem et al, 2006). Num estudo de Ojofeitimi et al (2011) sobre raparigas adolescentes no Estado de Osun, a prevalência de excesso de peso e obesidade era maior entre as que frequentavam escolas privadas. Isto é semelhante ao resultado de um estudo sobre crianças que frequentam a escola em Uyo, Estado de Akwa Ibom (Opara, Ikpeme e Ekanem, 2010). A elevada prevalência de excesso de peso e obesidade nas escolas privadas pode dever-se ao elevado estatuto socioeconómico, às más práticas alimentares e ao estilo de vida sedentário das crianças.

Verificou-se uma maior ingestão de energia alimentar - proteínas, hidratos de carbono e gorduras - no grupo obeso, sendo as proteínas e as gorduras responsáveis pela maior parte da ingestão de energia alimentar. Esta conclusão é consistente com as conclusões de um estudo sobre crianças adolescentes na China efectuado por Li et al (2007). Este resultado também foi semelhante aos resultados de Iyer, Elayath e Akolkar (2011) e Rahman et al (2002). A prevalência da obesidade está a aumentar em todo o mundo, mas a um ritmo mais rápido nos países em desenvolvimento devido à diminuição dos níveis de atividade física e à transição nutricional, caracterizada por uma tendência para o consumo de uma dieta rica em gordura, açúcar e alimentos refinados e pobre em fibras (Onyiriuka, Ibeawuchi, Onyiriuka, 2013). Nos países em desenvolvimento, a transição nutricional é identificada por uma mudança de uma situação em que prevalecem as dietas à base de alimentos vegetais pobres em energia, a atividade física e a subnutrição, para uma situação em que o elevado consumo de alimentos processados e produtos de origem animal densos em energia, o sedentarismo e as elevadas taxas de obesidade e de doenças crónicas relacionadas com a nutrição são a norma (Ene-Obong, 2008). Neste estudo, verificou-se um elevado consumo de fast-food entre as crianças obesas, com 31,8% e 22,7% delas a consumi-los 4-6 vezes por semana e uma vez por dia, respetivamente. Também se verificou um maior consumo de bebidas gaseificadas entre os obesos, embora uma das crianças normais (controlo) tenha alegadamente admitido consumir bebidas gaseificadas quatro ou mais vezes por dia. Além disso, o consumo de frutas e legumes entre as crianças obesas era muito fraco, enquanto o das crianças normais era apenas um pouco melhor. Num estudo realizado por Ene-Obong et al (2012), foi relatado que as crianças preferiam fast foods a alimentos preparados em casa, e a prevalência de excesso de peso e obesidade era maior naquelas que preferiam fast foods. Quando lhes foi dado um leque de alimentos para escolher, observou-se que a maioria das crianças preferia alimentos fritos a cozidos; bolachas açucaradas; refrigerantes gaseificados a leite de soja; leite gordo; e entre os cereais, o weetabix e o pão integral eram os menos apreciados. De acordo com Opara, Ikpeme e Ekanem (2010), os alimentos altamente processados, como o arroz, a massa, o pão e as bebidas, eram os mais preferidos e consumidos pelas crianças em idade escolar, constituindo por vezes as três refeições principais. Os alimentos tradicionais eram os menos preferidos e consumidos entre estas crianças. Onyiriuka, Ibeawuchi, Onyiriuka (2013), num estudo sobre raparigas adolescentes, revelou que o consumo de fast food era de 60,2%, o consumo de fast food com bebidas gaseificadas era de 76%, enquanto o consumo de frutas e legumes era de 15,2%.

Os estilos de vida indesejáveis têm sido apontados como causas da obesidade. Os padrões alimentares que podem influenciar o peso corporal incluem a frequência alimentar, a omissão do pequeno-almoço e a frequência das refeições feitas fora de casa (Huang et al, 2010; Onyiriuka, Ibeawuchi, Onyiriuka, 2013). Neste estudo, 81,8% das crianças obesas saltaram o pequeno-almoço, em comparação com 27,3% das crianças normais. Foi demonstrado que a omissão do pequeno-almoço está associada a uma maior prevalência de excesso de peso e obesidade. Num estudo realizado em adultos em Taiwan por Huang et al (2010), a prevalência da obesidade foi maior nos que não tomavam o pequeno-almoço, com um rácio de probabilidade de 1,23 (95% CI: 1,06, 1,43). Num estudo sobre rapazes de 10-12 anos na Grécia, realizado por Antonogeorgos et al (2012), as crianças que consumiam mais de três refeições por dia e que também tomavam o pequeno-almoço diariamente tinham duas vezes menos probabilidades de ter excesso de peso ou obesidade (razão de probabilidades ajustada: 0,49, 95% CI: 0,27-0,88). Algumas das razões para não tomar o pequeno-almoço podem dever-se a: falta de apetite, falta de tempo, indisponibilidade de alimentos fáceis de preparar, auto-perceção de excesso de peso e jejum por motivos religiosos Onyiriuka, Ibeawuchi, Onyiriuka (2013).

Neste estudo, uma maior percentagem de crianças obesas, em comparação com as crianças normais, jantou com a televisão ligada. Cerca de 59,1% das crianças normais jantaram com a presença de um dos pais, contra 45,5% das crianças obesas, durante a última semana. No entanto, mais crianças obesas jantaram com um dos pais presentes durante 4 a 6 dias da última semana. Anderson e Whitaker (2010) colocaram a hipótese de que o risco de obesidade pode ser reduzido em 40% se as crianças em idade pré-escolar fizerem as refeições à noite em família (com a televisão desligada), limitarem o tempo que passam a ver televisão e dormirem o suficiente. Descobriram que a prevalência da obesidade era de apenas 14,3% nos agregados familiares que praticavam as três rotinas saudáveis definidas e de 24,5% para as crianças em agregados familiares que não praticavam nenhuma das três rotinas. As probabilidades de obesidade associadas à exposição a todas as 3, quaisquer 2, ou apenas 1 rotina (em comparação com nenhuma) foram 0,63 (95% CI: 0,46-0,87), 0,64 (95% CI: 0,47-0,85), e 0,84 (95% CI: 0,63-1,12), respetivamente. Hammons e Fiese (2011) concluíram no seu estudo que: os benefícios de partilhar 3 ou mais refeições em família por semana incluem uma redução de 12% nas probabilidades de excesso de peso, uma redução de 20% na ingestão de alimentos não saudáveis e de 35% na ingestão de alimentos desordenados, e um aumento de 24% nas probabilidades de ingestão de alimentos saudáveis.

Neste estudo, a maioria das crianças normais participou em actividades físicas pelo menos 5 a 6 vezes na última semana. Cerca de 70,28% das crianças obesas não praticaram qualquer atividade física na última semana, contra 49,4% das crianças normais.

Apesar de as crianças normais estarem mais envolvidas na atividade física, quase não houve diferença na duração da atividade física entre as crianças obesas e as normais. E, surpreendentemente, uma das crianças obesas admitiu ter praticado atividade física durante mais de 60 minutos. Isto é contrário às conclusões de Li et al (2007), em que foi referido que as crianças com excesso de peso e obesas passam cerca de 0,5 horas a menos em actividades moderadas/vigorosas do que as crianças normais, e 2,3 horas a mais em actividades de baixa intensidade (televisão, jogos de vídeo, etc.). Os avanços tecnológicos conduziram à produção de melhores meios de transporte, comunicação, informatização e dispositivos de poupança de mão de obra. Estes desenvolvimentos, por muito bons que sejam, também conduziram a actividades sedentárias, por exemplo, ver televisão e filmes, jogos de vídeo e de computador, navegar na Internet e chats, especialmente entre a população mais jovem (Ene-Obong, 2008). Os pais e os professores impõem às crianças restrições ou a falta de tempo para brincar na escola e em casa, em busca de um elevado desempenho académico através de estudos e aulas suplementares (Ene-Obong, 2008).

Também neste estudo, a maioria das crianças obesas passa cerca de cinco horas ou mais por dia em actividades sedentárias, contra cerca de três das crianças normais. Este facto foi corroborado pelos resultados do estudo de Rahman et al (2002) e Li et al (2007). Ene-Obong et al (2012), num estudo sobre crianças em idade escolar e adolescentes, relataram que cerca de 96% das crianças e adolescentes iam para a escola a partir de suas casas. Embora 53% afirmassem que viviam a menos de 30 minutos a pé da escola, apenas cerca de 35,8% iam a pé para a escola. Verificou-se uma maior prevalência de excesso de peso e obesidade entre as crianças que se deslocavam para a escola de carro ou de mota. Cerca de 48% e 27% referiram ver e jogar jogos de computador durante cerca de 1 a 2 horas por dia, com cerca de 5% e 8% a afirmarem que não havia restrições quanto ao número de horas que viam televisão e jogavam jogos de computador.

5.2. Conclusão e recomendação

Este estudo revelou uma baixa prevalência de obesidade e uma prevalência relativamente elevada de excesso de peso nas áreas de estudo. Este estudo confirma os resultados de alguns estudos anteriores, segundo os quais a subnutrição é o principal problema de saúde neste ambiente. Mas a elevada prevalência de excesso de peso registada neste estudo é um motivo de grande preocupação, devido à sua ligação com a futura morbilidade e mortalidade na idade adulta (Vos e Welsh, 2012; Lobstein, 2010; Antwi et al, 2012; OMS, 2012). A obesidade atingiu proporções epidémicas em todo o mundo, especialmente nos países desenvolvidos, tanto em crianças como em adultos. A prevalência do excesso de peso e da obesidade aumentou drasticamente nas últimas décadas na maioria dos países industrializados (Wang e Lobstein, 2006; Akinpelu, Oyewole e Oritogun, 2008). Durante o mesmo período de tempo, muitos países em desenvolvimento passaram por uma transição económica de sociedades caracterizadas por uma agricultura de subsistência para uma urbanização e industrialização crescentes. A sobrenutrição é um problema emergente em segmentos da sociedade da África Subsariana, particularmente onde os estilos de vida se tornaram urbanizados e ocidentalizados, com um risco acrescido de diabetes, dislipidemia, doença coronária, aterosclerose, hipertensão, concentração elevada de colesterol no sangue, acidente vascular cerebral, certos cancros, artrite e outras comorbilidades (Akinpelu, Oyewole e Oritogun, 2008). Alguns outros factores responsáveis pela sobrenutrição no mundo em desenvolvimento incluem:

1.	Alterações tecnológicas na produção, transformação e distribuição de géneros alimentícios.

2.	Rendimentos mais elevados

3.	Adoção de um padrão alimentar ocidental

4.	Falta de atividade física

A preocupação da maioria dos programas de nutrição de saúde pública tem sido a subnutrição, a segurança alimentar e a ameaça de doenças infecciosas como o VIH-SIDA. Há poucos estudos que examinem a prevalência do excesso de peso e da obesidade neste ambiente. Além disso, não foram apresentadas estatísticas oficiais sobre a obesidade infantil na Nigéria. Como tal, é necessário realizar estudos em diferentes partes da Nigéria para se ter uma ideia da magnitude do problema do excesso de peso e da obesidade; além disso, são necessárias estratégias de intervenção para evitar o aumento previsto da prevalência do excesso de peso e da obesidade.

É necessário promover estilos de vida saudáveis através dos meios de comunicação social e no contexto escolar. Os pais devem ser informados da necessidade de controlar os hábitos alimentares dos seus filhos e de incentivar a participação em actividades físicas, tanto na escola como em casa. A comida rápida é um dos produtos mais publicitados na televisão e as crianças são frequentemente o mercado-alvo. Reduzir o enorme volume de marketing de alimentos e bebidas de elevado valor energético e de restaurantes de fast-food para crianças pequenas, particularmente através do poderoso meio de comunicação da televisão, é uma estratégia potencial que tem de ser defendida (Dehghan, Akhtar-Danesh e Merchant, 2005). A omissão de refeições, especialmente do pequeno-almoço, deve ser desencorajada. As provas apoiam a ideia de que as crianças e os adolescentes obesos são mais propensos a saltar o pequeno-almoço do que os seus homólogos mais magros. Foi também referido que as crianças obesas tomam pequenos-almoços mais pequenos do que os seus pares não obesos (Davis et al, 2007). O aumento da frequência das refeições em família tem-se mostrado associado a um maior consumo de fruta, legumes e leite e a um menor consumo de alimentos fritos e refrigerantes. Também está associado a uma maior ingestão de nutrientes (incluindo cálcio, ferro, vitaminas e fibras) e a uma menor ingestão de gorduras saturadas e trans.

O declínio constante da atividade física tem sido considerado parcialmente responsável pelo rápido aumento da prevalência da obesidade infantil em todo o mundo. Algumas das formas de aumentar a atividade física neste ambiente, numa tentativa de evitar o aumento da prevalência do excesso de peso e da obesidade, incluem

1.   Incentivar a atividade física como um modo de vida desde a infância.

2.   Aumento da participação em actividades desportivas. A educação física deve ser
      obrigatório nos currículos escolares.

3.   Reduzir o tempo passado em actividades sedentárias. Os pais têm um papel importante a
      desempenhar neste domínio.

4.   O governo deve proporcionar instalações de entretenimento ao ar livre, parques públicos e
      uma vizinhança segura para garantir o exercício físico e as actividades ao ar livre entre as
      crianças.

QUESTIONÁRIO

Sou um estudante de mestrado do Departamento de Nutrição Humana, Faculdade de Saúde Pública, Universidade de Ibadan. As perguntas que se seguem são sobre o seu nível de atividade física, o que come e os seus conhecimentos sobre nutrição. As suas respostas ajudar-nos-ão a descobrir a prevalência da obesidade adolescente na escola no nosso meio e os seus determinantes. Leia atentamente cada pergunta e escolha a resposta que é verdadeira para si. Isto não é um teste e não há respostas certas ou erradas.

Obrigado pela vossa colaboração.

Secção A

Caraterísticas sócio-demográficas

1. Nome: _________________________________ Idade: _______ Sexo _______

2. Classe: _______ Grupo étnico: _____________ Religião: _________________

3. Situação familiar (monogâmica/poligâmica): _________________

4. Profissão do pai:

    [ ] Agricultor [ ] Comerciante [ ] Artesão [ ] Funcionário público [ ] Professor

    [ ] Docente universitário [ ] Outros (especificar)

5. Nível de instrução do pai:

    [ ] Primário []   Secundário [   ] Universidade

6. Profissão da mãe:

    [ ] Agricultor [ ] Comerciante [ ] Artesão [ ] Funcionário público [ ] Professor

    [ ] Docente universitário [ ] Outros (especificar)

7. Nível de instrução da mãe:

    [ ] Primário [ ] Secundário [ ] Universidade

8. Fonte de energia primária para a iluminação:

    [ ] Sem eletricidade [   ] Gerador [   ] PHCN [   ] Energia solar

9. Tipo de instalação sanitária utilizada:

    [ ] Arbusto []   Latrina de fossa [   ] Sistema de água [   ] Rio [ ]
Outros (especificar)

Medidas antropométricas

10. Peso: _________________ Altura: _____________________

Secção B

As perguntas seguintes referem-se ao seu consumo alimentar e aos seus hábitos alimentares

<u>Recordatório alimentar de vinte e quatro horas</u>

Item No.	Food/Drink Addition	Description of food or drink (use volume, size or price	Place Taken	Time	Amount (how much did you actually eat/drink)	Weight equiv.

1. Was food intake usual? (Y/N) If no, how was it unusual?	4. Probe for supplements (iron, antimalaria, vitamins, other supplements) (Y/N)
2. Was it a feast day? (Y/N)	If yes, specify
3. Probe for sickness (Y/N): if yes, did sickness affect appetite (Y/N) If yes, how? Increase or decrease	5. Probe for fermented beverages consumed

11.   Nos últimos 7 dias, quantas vezes comeu fruta e legumes?

[Não comi frutas e legumes nos últimos 7 dias [   ] 1 - 3 vezes durante o

nos últimos 7 dias [   ] 4 - 6 vezes nos últimos 7 dias [   ] 1

vez por dia [   ] 2 vezes por dia

dia [   ] 3 vezes por dia [   ] 4 ou mais vezes por dia

12.   Durante os últimos 7 dias, quantas vezes comeu comida rápida (empada de carne, donut, salsicha)?

[Não comi fast food nos últimos 7 dias [   ] 1 a 3 vezes nos últimos 7 dias

[   ] 4 - 6 vezes nos últimos 7 dias [   ] 1 vez por dia [   ] 2 vezes por dia [   ] 3

vezes por dia [   ] 4 ou mais vezes por dia

13.   Durante os últimos 7 dias, quantas vezes bebeu uma lata, garrafa ou copo de bebidas gaseificadas (coca-cola, pepsi, fanta)?

[] Não bebi refrigerantes nos últimos 7 dias [] 1 a 3 vezes nos últimos   7

dias

[   ] 4 - 6 vezes nos últimos 7 dias [   ] 1 vez   por dia [ ]   2 vezes por

dia [   ] 3

vezes por dia [   ] 4 ou mais vezes por dia

14. Durante os últimos 7 dias, em quantos dias tomou o pequeno-almoço?

[   ] 0 dias [   ] 1 dia [   ] 2 dias [   ] 3 dias [   ] 4 dias [   ] 5 dias [   ] 6dias

[   ] 7 dias

15.   Nos últimos 7 dias, quando janta em casa, com que frequência tem a televisão ligada?

[   ] Não janto em casa [   ] Nunca [   ] Raramente [] Por vezes [   ] A maior parte das vezes

a hora [   ] Sempre

16.   Durante os últimos 7 dias, em quantos dias jantou em casa com pelo menos um dos seus pais ou tutores?

[   ] 0 dias [   ] 1 dia [   ] 2 dias [   ] 3 dias [   ] 4 dias [   ] 5 dias [] 6 dias

[   ] 7 dias

17.   Com que frequência há frutas ou legumes para petiscar em sua casa?

[] Nunca [   ] Raramente [   ] Às vezes [   ] A maior parte do tempo [
] Sempre

18.   Com que frequência existem alimentos como bolachas, bolos e biscoitos para petiscar em sua casa?

[] Nunca [   ] Raramente [   ] Às vezes [   ] A maior parte do tempo [
] Sempre

Secção C

As perguntas que se seguem pretendem saber qual o seu nível de atividade física.

19.   Com que frequência pratica as seguintes actividades numa semana?

	N.º 1	-	23 -	45 -	67 ou mais	
Futebol	[ ]	[ ]	[ ]	[ ]	[ ]	[ ]
Andar	[ ]	[ ]	[ ]	[ ]	[ ]	[ ]
Jogging/Running	[ ]	[ ]	[ ]	[ ]	[ ]	
Natação	[ ]	[ ]	[ ]	[ ]	[ ]	[ ]
Bicicleta	[ ]	[ ]	[ ]	[ ]	[ ]	[ ]
Saltar	[ ]	[ ]	[ ]	[ ]	[ ]	[ ]
Voleibol	[ ]	[ ]	[ ]	[ ]	[ ]	[ ]
Aeróbica	[ ]	[ ]	[ ]	[ ]	[ ]	[ ]

Outros

_______________ [   ]   [   ]   [][   ]   [   ]

_______________ [   ]   [   ]   [][   ]   [   ]

20. Quantos minutos passa normalmente por dia quando pratica uma atividade física?

[   ] 0 minutos [   ] 10 minutos [ ] 10 - 20 minutos [   ] 21 - 30 minutos [   ] 31 - 40

minutos [   ] 41 - 50 minutos [   ] 51 - 60 minutos [   ] > 60 minutos

21.   Durante os últimos 7 dias, em quantos dias esteve fisicamente ativo durante um total de

cerca de 60 minutos por dia?

[   ] 0 dias [   ] 1 dia [   ] 2 dias [   ] 3 dias [   ] 4 dias [   ] 5 dias [   ] 6

dias [   ] 7 dias

22.   Em quantos dos últimos 7 dias fez exercício ou participou numa atividade física que o fez

suar ou respirar com dificuldade?

[   ] 0 dias [   ] 1 dia [   ] 2 dias [   ] 3 dias [   ] 4 dias [   ] 5 dias [   ] 6

dias [   ] 7 dias

23.   Quantas horas por dia passa normalmente a ver televisão?

[   ] Não vejo televisão [   ] 1 hora [] 2 horas [   ] 3 horas [   ] 4 horas [   ] 5

horas [   ] 6 horas ou mais

24.   Quantas horas por dia passa normalmente na Internet?

[   ] Não utilizo o computador [   ] 1 hora [] 2 horas [   ] 3 horas [   ] 4 horas [   ]

5 horas [   ] 6 horas ou mais

25.   Quantas horas por dia passa normalmente a jogar videojogos?

[] Não jogo videojogos [   ] 1 hora [] 2 horas [   ] 3 horas [   ] 4 horas [   ]

5 horas [   ] 6 horas ou mais

REFERÊNCIAS

Adegoke S.A., Olowu W.A., Adeodu O.O., Elusiyan J.B. e Dedeke I.O. (2009). Prevalência de excesso de peso e obesidade entre crianças em Ile-Ife, no sudoeste da Nigéria. *West Afr, J. Med.* 28(4): 216 - 21.

Adesina A.F., Peterside O., Anochie I. e Akani N.A. (2012). Estado de peso de adolescentes em escolas secundárias em Port Harcourt usando o índice de massa corporal (IMC). *Jornal Italiano de Pediatria.* 38: 12.

Ahmad M.M., Ahmed H. e Airede K. (2013). Índice de massa corporal entre adolescentes escolares em Sokoto, Noroeste da Nigéria. *Sahel Medical Journal* 16(1): 5 - 9.

Akesode F.A. e Ajibode H.A. (1983). Prevalence of obesity among Nigerian school children (Prevalência de obesidade entre crianças nigerianas em idade escolar). *Social Science and Medicine.* 17(2):107-11

Akinpelu A.O., Oyewole O.O. e Oritogun K.S. (2008). Excesso de peso e obesidade: ocorre em adolescentes nigerianos numa comunidade urbana? *International Biomedical and Health Sciences.* 4(1): 1 - 3.

Al Junaibi A., Abdulle A., Sabri S., Hag-Alli M. e Nagelkerke N. (2013). A prevalência e os potenciais determinantes da obesidade entre crianças e adolescentes em idade escolar em Abu Dhabi, Emirados Árabes Unidos. *Revista Internacional de Obesidade* 37: 68 - 74.

Amigo L. Zanlungo, S., Mendoza H., Miquel J.F. e Nervi, F. (1999). Factores de risco e patogénese dos cálculos biliares de colesterol: State of the art. *European Review for Medical And Pharmacological Sciences* 3: 241 - 246.

Anderson S.E. e Whitaker R.C. (2010). Household routines and obesity in US preschool-aged children (Rotinas domésticas e obesidade em crianças norte-americanas em idade pré-escolar). *American Journal of Pediatrics* 125(3); 420 - 428.

Ansa V.O., Odigwe C.O. e Anah M.U. (2001). Profile of body mass index and obesity in Nigerian children and adolescents (Perfil do índice de massa corporal e obesidade em crianças e adolescentes nigerianos). *Jornal Nigeriano de Medicina.* 10(2): 72 - 80.

Antonogeorgos G., Panagiotakos D.B., Papadimitriou A., Priftis K.N., Anthracopoulos M. e Nicolaidou P. (2012). Consumo de pequeno-almoço e interação da frequência das refeições com a obesidade infantil. *Pediatric Obesity* 7(1): 65 - 72.

Antwi F., Fazylova N., Garcon M.C., Lopez L., Rubiano R. e Slyer J.T. (2012). A eficácia dos programas baseados na web na redução da obesidade infantil em crianças em idade escolar: Uma revisão sistemática. *Base de dados JBI de revisões sistemáticas e relatórios de implementação.* 10(42): 1 -13

Baker G.A. (2005). *Obesidade infantil: Causas, Consequências e Estratégias.* Simpósio Mundial de Alimentos e Agronegócios da IAMA, Chicago, Illinios.

Baker J.L., Olsen L.W. e Sorenson T.I.A. (2007). Childhood body mass index and the risk of coronary heart disease in adulthood (Índice de massa corporal na infância e risco de doença coronária na idade adulta). *The New England Journal of Medicine* 357(23): 2329 - 2330

BBC News (2008). Obesity in Statistics. www.bbcnews.co.uk (Acedido em 6 de novembro de 2012).

Ben-Bassey U.P., Oduwole A.O. e Ogundipe O.O. Prevalência de excesso de peso e obesidade em Eti-Osa LGA, Lagos, Nigéria. *Obesity Reviews.* 8(6): 475 - 479.

Benson L.J. (2010). The Role of Parental Employment in Childhood Obesity (O Papel do Emprego dos Pais na Obesidade Infantil). Dissertação de doutoramento apresentada ao corpo docente da Escola de Pós-Graduação da Universidade de Maryland, College Park.

Bibbins-Domingo K., Coxson P., Pletcher M.J., Lightwood J. e Goldman L. (2007). Adolescent overweight and future adult coronary heart disease. *N Engl J Med.* 357(23): 2371-2379.

Bodurtha J.N., Mosteller M., Hewitt J.K., Nance W.E., Eaves L.J., Moskowitz W.B., Katz S. e Schieken, R.M. (1990). Análise genética de medidas antropométricas em gémeos de 11 anos: The Medical College of Virginia Twin Study. *Pediatr Res.* 28(1): 1-4.

Borzekowski D.L.G. e Robinson T.N. (2001). The 30-second effect: Uma experiência que revela o impacto dos anúncios de televisão nas preferências alimentares de crianças em idade pré-escolar. *J Am Diet Assoc.* 101: 42-46.

Bowman,. Gortmaker S.L., Ebbeling C.B., Pereira M.A. e Ludwig D.S. (2004). Efeitos do consumo de fast-food na ingestão de energia e na qualidade da alimentação das crianças num inquérito nacional aos agregados familiares. *Pediatrics* 113: 112 - 118.

Brody J. (2002). The global epidemic of childhood obesity: Poverty, urbanization and the nutrition transition (Pobreza, urbanização e transição nutricional). *Nutrition Bytes.* 8(2): 1 - 7.

Caprio, Daniels S.R. Drewnowski A. Kaufman F.R., Palinkas L.A., Rosenbloom A.L. e Schwimmer J.B. (2008). Influence of race, ethnicity, and culture on childhood obesity (Influência da raça, etnia e cultura na obesidade infantil): Implications for prevention and treatment. *Diabetes Care* 31(11): 2211-2221.

CDC (2013). Factos sobre a Obesidade Infantil. Centros de Prevenção e Controlo de Doenças, EUA.

CDC (2011). Noções básicas sobre a obesidade infantil. Centros de Prevenção e Controlo de Doenças, EUA.

Chhatwal J., Verma M. e Riar S.K. (2004). Obesidade entre pré-adolescentes e adolescentes de um país em desenvolvimento (Índia). *Asia Pac. J. Clin. Nutr.* 13(3): 231 - 235.

Choudhary A.K., Donnelly L.F., Racadio, J.M. e Strife J.L. (2007). Doenças associadas à obesidade infantil. *AJR* 188(4).

Colapinto C.K., Fitzgerald A., Taper J. e Veugelers P. (2007). A preferência das crianças por grandes porções: Prevalence, determinants, and consequences. *Journal of American Dietetic Association* 107: 1183-1190.

Cole T.J., Bellizzi M.C., Flegal K.M. e Dietz W.H. (2000). Estabelecimento de uma definição padrão para o excesso de peso e obesidade infantil no mundo: Inquérito internacional. *BMJ.* 320: 1240.

Coon K.A., Goldberg J., Rogers B.L. e Tuckers K.L. (2001). Relações entre a utilização da televisão durante as refeições e os padrões de consumo alimentar das crianças. *Pediatrics* 107(1): 1 - 9.

Crawford P.B., Story M., Wang M.C., Ritchie L.D. e Sabry Z.I. (2001). Questões étnicas na epidemiologia da obesidade infantil. *Pediatr Clin North Am* 48(4): 855-78.

Cripps R.L., Martin-Gronert M.S. e Ozanne S.E. (2005). Fetal and perinatal programming of appetite (Programação fetal e perinatal do apetite). *Clinical Science* 109(1):1-11.

Cuevas A. Miquel J.F., Reyes M.S., Zanlungo S. e Nervi F. (2004). A dieta como fator de risco para a doença do cálculo biliar por colesterol. *Journal of the American College of Nutrition* 23(3): 187-196.

Davis M.M., Gance-Cleveland B., Hassink S., Johnson R., Paradis G. e Resnicow K. (2007). Recommendations for prevention of childhood obesity (Recomendações para a prevenção da obesidade infantil). *Pediatrics* 120(Suppl. 4): S229-S253.

de Onis M., Blossner M. e Borghi E. (2010). Global prevalence and trends of overweight and obesity among preschool children (Prevalência e tendências globais de excesso de peso e obesidade entre crianças em idade pré-escolar). *Am. J. Clin. Nutr.* 92: 1257 - 64.

Dehghan M., Akhtar-Danesh N. e Merchant A.T. (2005). Childhood obesity, prevalence and prevention (Obesidade infantil, prevalência e prevenção). *Nutrition Journal* 4: 24.

Departamento de Saúde Juvenil (2007). Prevenção do excesso de peso e da obesidade na infância: Uma diretriz para os cuidados de saúde escolar. União Europeia para a Saúde Escolar e Saúde e Medicina Universitárias (EUSUHM).

Deurenberg-Yap M. e Gan G.L. (2009). Childhood obesity - Definition, classification, and epidemiology (Obesidade infantil - Definição, classificação e epidemiologia). *The Singapore Family Physician* 35(4): 11-13.

Dietz W.H. (1998). Childhood weight affects adult morbidity and mortality (O peso na infância afecta a morbilidade e a mortalidade na idade adulta). *J. Nutr.* 128(2): 411S - 414S .

Dietz W.H. (1994). Critical periods in childhood for the development of obesity (Períodos críticos na infância para o desenvolvimento da obesidade). *Am J Clin Nutr* 59(5): 955-959.

Ebbeling C.B., Pawlak D.B. e Ludwig D.S. (2002). Childhood obesity: Public-health crisis, common sense cure. *The Lancet* 360: 473 - 482.

Elamin A (2010). Obesidade: Factores epidemiológicos e etio-patológicos. *Khartoum Medical Journal* 3(3): 457 - 465.

Ene-Obong H., Ibeanu V., Onuoha N. e Ejekwu A. (2012). Prevalência de excesso de peso, obesidade e magreza entre crianças e adolescentes urbanos em idade escolar no sul da Nigéria. *Boletim de Alimentação e Nutrição* 33(4): 242 - 250.

Ene-Obong H. (2008). Ciência e Prática da Nutrição: Emerging Issues and Problems in Food Consumption, Diet Quality, and Health (Questões e Problemas Emergentes no Consumo Alimentar, Qualidade da Dieta e Saúde). Uma Palestra Inaugural da Universidade da Nigéria, Nsukka, proferida a 29 de julho de 2008.

Fishbein M.H., Miner M., Mogren C. e Chalekson J. (2003). O espetro do fígado gordo em crianças obesas e a relação das aminotransferases séricas com a gravidade da esteatose. *Journal of Pediatric Gastroenterology & Nutrition* 36(1): 54-61.

Flaherman V. e Rutherford G.W. (2006). A meta-analysis of the effect of high weight on asthma (Uma meta-análise do efeito do peso elevado na asma). *Arch Dis Child* 91: 334-339.

Gardner D.S. e Rhodes P. (2009). Origens do desenvolvimento da obesidade: Programação da ingestão de alimentos ou da atividade física? *Avanços em Medicina Experimental e Biologia* 646: 83-93.

Goon D.T., Toriola A.L, Uever J.N., Wuam S. e Toriola O.M. (2011). Prevalência de distúrbios do peso corporal entre raparigas adolescentes em Tarka, Nigéria. *Minerva Pediatr.* 63(6): 467-71.

Goon D.T., Toriola A.T. e Shaw B.S. (2010). Rastreio de perturbações do peso corporal em crianças nigerianas utilizando definições contrastantes. *Obesity Reviews.* 11(7): 508 - 515.

Goran M.I., Gower B.A., Nagy T.R. e Johnson R.K. (1998). Developmental changes in energy expenditure and physical activity in children: Evidence for a decline in

atividade física nas raparigas antes da puberdade. *Pediatrics* 101(5): 887 -891.

Gordon-Larsen P., Griffiths P., Bentley M.E., Ward D.S., Kelsey K., Shields K. e Ammerman A. (2004). Barriers to physical activity qualitative data on caregiver-daughter perceptions and practices (Barreiras à atividade física - dados qualitativos sobre as percepções e práticas do cuidador-filha). *Am JPrevMed* 27(3): 218-223.

Hammons A.J. e Fiese B.H. (2011). Is frequency of shared family meals related to the nutritional health of children and adolescents. *Academia Americana de Pediatria* 127(6): e1 - e10.

Han J.C., Lawlor D.A. e Kimm S.Y.S. (2010). Childhood obesity (Obesidade infantil). *The Lancet* 375: 1737 - 1748.

Hannon T.S., Rao G. e Arslanian S.A. (2005). Childhood obesity and type 2 diabetes mellitus. *Pediatrics.* 116(2): 473-480.

Escola de Saúde Pública de Harvard (2012). Child Obesity (Obesidade infantil). 651 & 677 Huntington Avenue, Harvard Longwood Campus, Boston, MA 02115.

Hawkes C. (2006). Uneven dietary development: Ligar as políticas e os processos de globalização à transição nutricional, à obesidade e às doenças crónicas relacionadas com a alimentação. *Globalização e Saúde.* 2(4): 1 - 18.

Ho T.F. (20029). Cardiovascular risks associated with obesity in children and adolescents (Riscos cardiovasculares associados à obesidade em crianças e adolescentes). *Ann Acad Med Singapore* 38: 48-56.

Huang T.K., Howarth N.C., Lin B.H., Roberts S.B. e McCrory M.A. (2004). Consumo de energia e porções de refeições: Associações com o percentil do IMC em crianças americanas. *Obes Res.* 12(11): 1875-1885.

Huang C.J., Hu H.T., Fan Y.C., Liao Y.M. e Tsai P.S. (2010). Associações da omissão do pequeno-almoço com a obesidade e a qualidade de vida relacionada com a saúde: Evidências de um inquérito nacional em Taiwan. *International Journal of Obesity* 34: 720 - 725.

Iyer U., Elayath N. e Akolkar A. (2011). Magnitude e determinantes do excesso de peso e obesidade em crianças de 6-12 anos de idade da cidade de Vadodara. *Curr Pediatr Res* 15 (2): 105-109.

Jahnavi A., Chandrika D.B.N., Sultana G. e Vanita K.P. (2011). Prevalência de excesso de peso e obesidade em crianças em idade escolar. PHARMANEST - *Um Jornal Internacional de Avanços em Ciências Farmacêuticas.* 2(4): 369- 377.

Kelishadi R. (2007). Childhood overweight, obesity, and the metabolic syndrome in developing countries (Sobrepeso infantil, obesidade e síndrome metabólica nos países em desenvolvimento). *Epidemiol Rev.* 29: 62 - 76.

Kimani-Murage E.W. (2010). Obesidade infantil. International Encylopedia of Rehabilitation (Enciclopédia Internacional de Reabilitação). Centro de Informação e Intercâmbio Internacional de Investigação em Reabilitação (CIRRIE), Universidade Estatal de Nova Iorque, Buffalo, NY14214.

Lahti-Koski M. e Gill T. (2004). Definindo a obesidade infantil, pp 1 - 19. In. Kiess W., Marcus C., Wabitsch M. (eds), Vol. 9, *Obesity in Childhood and Adolescence.* Pediatr Adolesc Med. Basileia, Karger.

Li Y., Zhai F., Yang X., Shouten E.G., Hu X., He Y., Luan D. e Ma G. (2007). Determinantes do excesso de peso e da obesidade infantil na China. *British Journal of Nutrition* 97: 210 - 215.

Lowell B.B. e Spiegelman B.M. (2000). Towards a molecular understanding of adaptive thermogenesis (Para uma compreensão molecular da termogénese adaptativa). *Nature* 404(6778): 652-60.

Lobstein T. (2010). Prevalência e tendências da obesidade infantil, pp 1 - 16. In. Crawford D. et al (2nd ed.), *Obesity Epidemiology: From Aetiology to Public Health.* Oxford University Press, Oxford.

Ludwig D.S. (2007). Obesidade infantil - A forma do que está para vir. *N. Engl. J. Med.* 357(23): 2326.

Ludwig D.S. e Ebbeling C.B. (2001). Diabetes mellitus tipo 2 em crianças: Primary care and public health considerations. *JAMA* 286(12): 1427-1430.

Lugo-Vincente H.L. (1997). Tendências no tratamento de distúrbios da vesícula biliar em crianças. *Pediatric Surgery International* 12(5-6): 348-352.

Lyn P. (2002). Doença hepática gorda não alcoólica: Relação com a sensibilidade à insulina e o stress oxidativo. Abordagens de tratamento com vitamina E, magnésio e betaína. *Alternative Medicine Review* 7(4): 276 - 291.

Mamabolo R.L., Alberts M., Steyn N.P., Delemarre-van de Waal H.A. e Levitt N.S. (2005). Prevalência e determinantes do atraso de crescimento e do excesso de peso em crianças sul-africanas negras de 3 anos de idade residentes na Região Central da Província do Limpopo, África do Sul. *Public Health Nutrition* 8(5): 501-508.

Manco M., Bottazzo G., DeVito R., Marcellini M., Mingrone G. e Nobili V. (2008). Doença hepática gorda não alcoólica em crianças. *Journal of the American College of Nutrition* 27(6): 667-676.

Maples J. (2009). Atividade Física, Sedentarismo e Comportamentos Alimentares Relacionados com o Excesso de Peso/Obesidade entre Adolescentes Envolvidos num Programa Criativo e de Resolução de Problemas. Tese apresentada para obtenção do grau de Mestre em Ciências, Universidade do Tennessee, Knoxville, pp. 1-121.

Marchesini G., Brizi M., Morselli-Labate A.M., Bianchi G., Bugianesi E., McCullough A.J., Forlani G. e Melchionda N. (1999). Association of nonalcoholic fatty liver disease with insulin resistance. *Am J Med* 107(5): 450-5.

Martorell R., Stein A.D. e Schroeder D.G. (2001). Early nutrition and later adiposity. *J. Nutr.* 131(3): 874S - 880S.

Mcpherson R. (2007). Genetic contributors to obesity (Contribuições genéticas para a obesidade). *Can J Cardiol.* 23(Suppl A): 23A-27A.

Montgomery K.C. (2000). A cultura mediática das crianças no novo milénio: Mapping the digital landscape. *Future Child* 10(2):145-67.

Montague C.T., Farooqi I.S., Whitehead J.P., Soos M.A., Rau H., Wareham N.J., Sewter C.P., Digby J.E., Mohammed S.N., Hurst J.A., Cheetham C.H., Earley A.R., Barnett A.H., Prins J.B. e O'Rahilly S. (1997). A deficiência congénita de leptina está associada à obesidade grave de início precoce nos seres humanos. *Nature* 387(6636): 903-8.

Mosha T.C.E. e Fungo S. (2010). Prevalência de excesso de peso e obesidade entre crianças dos 6 aos 12 anos de idade nos municípios de Dodoma e Kinondoni, Tanzânia. *Jornal de Investigação em Saúde da Tanzânia.* 12(1).

Musa D.I., Toriola A.L., Monyeki M.A. e Lawal B. (2012). Prevalência de excesso de peso e obesidade na infância e adolescência no Estado de Benue, Nigéria. *Medicina Tropical e Saúde Internacional* 17(11):1369-75.

Nagwa N.A., Elhussein A.M. Azza M. e Abdulhadi N.H. (2011). Alarmante prevalência elevada de excesso de peso/obesidade entre as crianças sudanesas. *Jornal Europeu de Nutrição Clínica* 65:409 - 411.

Novotny R., Oshiro C.E. e Wilkens L.R. (2013). Prevalência de obesidade infantil entre crianças jovens multiétnicas de uma organização de manutenção da saúde no Havaí. *Obesidade Infantil* 9(1): 35 - 42.

Oduwole A.O., Ladapo T.A., Fajolu I.B., Ekure E.N. e Adeniyi O.F. (2012). Obesidade e pressão arterial elevada entre adolescentes em Lagos, Nigéria: A cross-sectional study. *BMC Saúde Pública* 12: 616.

Ojofeitimi E.O., Olugbenga-Bello A.I., Adekanle D.A. e Adeomi A.A. (2011). Padrão e determinantes da obesidade entre adolescentes do sexo feminino em escolas públicas e privadas no

Área governamental local de Olorunda do Estado de Osun. *Jornal de Saúde Pública em África.* 2: 11.

Okpara D.C., Ikpeme E.E. e Ukanem U.S. (2010). Prevalência de atraso de crescimento, baixo peso e obesidade em crianças em idade escolar em Uyo, Nigéria. *Jornal de Nutrição do Paquistão.* 9(5): 459: 466.

Omuemu V.O. e Ogboghodo E.O. (2012). Determinantes socioeconómicos da obesidade infantil entre crianças do ensino primário na área do governo local de Oredo do Estado de Edo, Nigéria. 13th Congresso Mundial de Saúde Pública, Adis Abeba, Etiópia, 23 - 27 de abril.

Onyiriuka A.N., Ibeawuchi A.N. e Onyiriuka R.C. (2013). Avaliação dos hábitos alimentares entre as adolescentes nigerianas urbanas do ensino secundário. *Jornal de Saúde Infantil do Sri Lanka* 42(1): 20-26.

Onywera V.O. (2010). A ameaça da obesidade infantil e da inatividade física em África: Estratégias para um futuro saudável. *Promoção Global da Saúde* 17: 45.

Padez C., Mourão I., Moreira P. e Rosado V. (2005). Prevalência e factores de risco de excesso de peso e obesidade em crianças portuguesas. *Ata Paediatrica* 94: 1550 - 1557.

Pinstrup-Andersen P. e Babinard J. (2001). Globalização e nutrição humana: Oportunidades e riscos para os pobres nos países em desenvolvimento. *Jornal Africano de Ciências Alimentares e Nutricionais.* 1(1): 9 - 18.

Pizarro J.V. e Royo-Bondonada M.A. (2012). Prevalência da obesidade infantil em Espanha; Inquérito Nacional de Saúde 2006-2007. *Interaccion* 9: 5.

Popkin D.M., Conde W., Hou N. e Monteiro C. (2006). Existe um desfasamento a nível mundial nas tendências de excesso de peso das crianças em comparação com os adultos? *Obesity(Global Spring).* 14(10): 1840 - 53.

Popkin B.M., Adair L.S. e Ng S.W. (2012). Global nutrition transition and the pandemic of obesity in developing countries (A transição nutricional global e a pandemia de obesidade nos países em desenvolvimento). *Nutr. Rev.* 70(1): 3 - 21.

Prentice A.M. (2006). The emerging epidemic of obesity in developing countries (A epidemia emergente de obesidade nos países em desenvolvimento). *Revista Internacional de Epidemiologia 35: 93-99.*

Procter, K.L. (2007). A etiologia da obesidade infantil: A review. Nutrition Research Reviews 20: 29-45.

Rahman S.M.M., Kabir I., Khaled M.A., Bhuyan M.A.H., Ar-Rashid H., Malek M.A. e Khan M.R. (2002). Prevalence and Determinants of Childhood Obesity in Dhaka City (Prevalência e factores determinantes da obesidade infantil na cidade de Dhaka). Actas da 10ª Conferência Científica Anual (ASCON), SP113. ICDDR,B - Centro de Investigação sobre Saúde e População.

Roberts E.A. (2005). Doença hepática gorda não alcoólica (NAFLD) em crianças. *Front Biosci.* 10: 2306-18.

Robinson G.A., Geier M., Rizzolo D. e Sedrak, M. (2011). Obesidade infantil: Complicações, estratégias de prevenção, tratamento. *JAAPA* 24(12): 58-63.

Rolland-Cachera M.F., Deheeger M., Avons P., Guilloud-Bataille M., Patois E. e Sempë M. (1987).

Acompanhando o desenvolvimento da adiposidade desde um mês de idade até a idade adulta. *Ann Hum Biol.* 14(3): 219-29.

Schachter L.M., Peat J.K. e Salome C.M. (2003). Asthma and atopy in overweight children (Asma e atopia em crianças com excesso de peso). *Thorax* 58: 1031-1035.

Schwartz M.W., Woods S.C., Porte D., Seeley R.J. e Baskin D.G. (2000). Controlo da ingestão de alimentos pelo sistema nervoso central. *Nature* 404(6778): 661-71.

Schwimmer J.B., Burwinkle T.M. e Varni J.W. (2003). Qualidade de vida relacionada com a saúde de crianças e adolescentes com obesidade grave. *JAMA* 289(14): 1813-1819.

Senbanjo L.O. e Adejuyigbe E.A. (2007). Prevalência de excesso de peso e obesidade em crianças nigerianas em idade pré-escolar. *Nutr. Health* 18(4): 391 - 399.

Senbanjo I.O. e Oshikoya K.A. (2010). Atividade física e índice de massa corporal de crianças e adolescentes em idade escolar em Abeokuta, sudoeste da Nigéria. *World J. Pediatr* 6(3): 217 - 222.

Serra-Majem L., Batrina J., Perez-Rodrigo C., Ribas-Barba L. e Delgado-Rubio A. (2006). Prevalence and determinants of obesity in Spanish children and young people. *British Journal of Nutrition* 96 (Suppl. 1): S67- S72.

Sharma M. (2008). Psychosocial determinants of childhood and adolescent obesity (Determinantes psicossociais da obesidade infantil e adolescente). *Journal of Social, Behavioral, and Health Sciences* 2(1): 33-49.

Shimada M., Tritos N.A., Lowell B.B., Flier J.S. e Maratos-Flier E. (1998). Os ratos que não possuem a hormona concentradora de melanina são hipofágicos e magros. *Nature* 396(6712): 670-4.

Sinha R, Fisch G., Teague B., Tamborlane W.V., Banyas B., Allen K., Savoye M., Rieger V., Taksali S., Barbetta G., Sherwin R.S. e Caprio S. (2002). Prevalência de tolerância à glucose diminuída em crianças e adolescentes com obesidade acentuada. *N Engl J Med* 346: 802-10.

Sinnott C.H. (2011). O Impacto da Obesidade Infantil, da Má Nutrição e da Inatividade na

Sistemas de escolas públicas. Centro Lerner para a Promoção da Saúde Pública, Universidade de Syracuse, pp 1 - 43.

Sorof J.M., Lai D., Turner J., Poffenbarger T. e Portman R.J. (2004). Excesso de peso, etnia e prevalência de hipertensão em crianças em idade escolar. *Pediatrics* 113: 475-82.

Sorof J. e Daniels S. (2002). Obesidade hipertensão em crianças: Um problema de proporções epidémicas. *Hypertension.* 40: 441-447.

Speiser, et al. (2005a). Childhood obesity (Obesidade infantil). *The Journal of Clinical Endocrinology & Metabolism* 90(3): 1871-1887 .

Story M. e French S. (2004). Food advertising and marketing direted to children and adolescents in the US (Publicidade e marketing de alimentos dirigidos a crianças e adolescentes nos EUA). *Revista Internacional de Nutrição Comportamental e Atividade Física* 1:3.

Strauss R.S. (2000). Childhood obesity and self-esteem (Obesidade infantil e autoestima). *Pediatrics* 105(1): e15.

Strauss R.S. and Pollack H.A. Epidemic increase in childhood overweight, 1986-1998. *JAMA* 286(22):2845-2848.

Strauss R.S. e Knight J. (1999). Influence of the home environment on the development of obesity in children (Influência do ambiente doméstico no desenvolvimento da obesidade em crianças). *Pediatrics* 103(6): 1 - 8.

Stunkard A.J., Harris J.R., Pedersen N.L. e McClear G.E. (1990). The body-mass index of twins who have been created apart. *N Engl J Med.* 322(21): 1483-7.

Stunkard A.J., S0rensen T.I., Hanis C., Teasdale T.W., Chakraborty R., Schull W.J. e Schulsinger F. (1986). Um estudo de adoção da obesidade humana. *N Engl J Med.* 314(4): 193-8.

Styne D.M. (2005). Obesidade na infância: What's activity got to do with it. *Am J Clin Nutr* 81 (2): 337-338.

Swinburn B.A., Sacks G., Hall K.D., McPherson K., Finegood D.T., Moodie M.L.e Gortmaker S.L. (2011). A pandemia global de obesidade: Shaped by global drivers and local environments. Obesidade I. *The Lancet* 378: 804 - 814.

Taylor E.D, Theim K.R., Mirch M.C., Ghorbani S., Tanofsky-Kraff M., Adler-Wailes D.C., Brady S., Reynolds J.C., Calis K.A. e Yanovski J.A.(2006). Complicações ortopédicas do excesso de peso em crianças e adolescentes. *Pediatrics* 117(6): 2167-2174.

Toriola A.L., Moselakgomo V.K., Shaw B.S. e Goon D.T. (2012). Excesso de peso, obesidade e

peso insuficiente em crianças negras rurais da África do Sul. *S. Afr. J. Clin. Nutr.* 25(2): 57 - 61.

Departamento de Saúde e Serviços Humanos dos EUA (2005). Childhood Obesity (Obesidade Infantil). 200 Independence Avenue, S.W. - Washington, D.C. 20201.

Wang Y. e Lobstein T. (2006). Worldwide trends in childhood overweight and obesity (Tendências mundiais do excesso de peso e da obesidade infantil). *International Journal of Pediatric Obesity.* 1: 11-25.

Wang Y. (2001). Cross-national comparison of childhood obesity: The epidemic and the relationship between obesity and socioeconomic status. *International Journal of Pediatric Obesity.* 30(5): 1129 - 1136.

OMS (2013). Obesidade e excesso de peso. Ficha informativa da OMS n.º 311, Genebra.

OMS (2012). Obesidade infantil: Um conjunto de ferramentas para os Estados-Membros determinarem e identificarem áreas prioritárias de ação. Genebra.

OMS (2011a). Estratégia global sobre alimentação, atividade física e saúde: Sobrepeso e Obesidade na Infância. Organização Mundial de Saúde, Genebra.

OMS (2011b). IMC para a idade (5 - 19 anos). Organização Mundial de Saúde, Genebra.

OMS (2006). Base de dados global sobre o índice de massa corporal. Organização Mundial de Saúde, Genebra.

Wieckowska A. e Feldstein A.E. (2005). Doença hepática gorda não alcoólica na população pediátrica: A review. *Curr Opin Pediatr* 17: 636-641.

Wieting J.M. (2008). Causa e efeito na obesidade infantil: Soluções para uma epidemia nacional. *J Am Osteopath Assoc* 108:545-552.

Wikipédia (2013). Ibadan. pt.wikipedia.org/wiki/Ibadan

Wills M. (2004). Complicações ortopédicas da obesidade infantil. *Pediatr Phys Ther.* 16(4): 230-235.

Young T., Peppard P.E. e Gottlieb D.J. (2002). Epidemiologia da apneia obstrutiva do sono: A population health perspective. *Am J Respir Crit Care Med.* 165(9): 1217-1239.

Yusuf S.M., Mijinyawa M.S., Musa B.M., Gezawa I.D. e Uloko A.E. (2013). Excesso de peso e obesidade entre adolescentes em Kano, Nigéria. *J. Metabolic Synd.* 2(1): 1 - 5.

Printed by Books on Demand GmbH, Norderstedt / Germany